主编　　中国建设监理协会

中国建设监理与咨询

37

2020 / 6
总第 37 期

中国建筑工业出版社

图书在版编目（CIP）数据

中国建设监理与咨询.37/中国建设监理协会主编
.—北京：中国建筑工业出版社，2020.10
　　ISBN 978-7-112-25519-1

　　Ⅰ.①中…　Ⅱ.①中…　Ⅲ.①建筑工程—监理工作—
研究—中国　Ⅳ.①TU712.2

中国版本图书馆CIP数据核字（2020）第185853号

责任编辑：费海玲
责任校对：张　颖

中国建设监理与咨询　37

主编　中国建设监理协会

*

中国建筑工业出版社出版、发行（北京海淀三里河路9号）
各地新华书店、建筑书店经销
北京雅盈中佳图文设计公司制版
天津图文方嘉印刷有限公司印刷

*

开本：880毫米×1230毫米　1/16　印张：$7\frac{1}{2}$　字数：300千字
2020年12月第一版　2020年12月第一次印刷
定价：**35.00**元
ISBN 978-7-112-25519-1
　　　　（36534）

编辑部

地址：北京海淀区西四环北路 158 号
　　　慧科大厦东区 10B

邮编：100142

电话：（010）68346832

传真：（010）68346832

E-mail：zgjsjlxh@163.com

37

2020 / 6

总第37期

中国建设监理与咨询

目录 CONTENTS

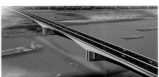

■ 监理论坛

■ 项目管理与咨询

■ 创新与研究

■ 企业文化

中国建设监理协会王早生会长一行到贵州监理企业调研

2020 年 12 月 10 日下午，在贵阳市参加中国建设监理协会举办的"监理行业转型升级创新发展业务辅导活动"的王早生会长、王学军副会长兼秘书长深入贵州省工程监理企业进行调研。贵州省建设监理协会会长杨国华、副会长兼秘书长汤斌等陪同调研。调研会在贵州建工监理咨询有限公司会议室举行，参加座谈会的还有贵州三维、贵州众益、遵义建工监理、贵州省建筑设计研究院、贵州黔水、贵州致信、弘典咨询、贵州百胜等二十余家工程监理企业负责人。

贵州建工监理咨询有限公司作了全面介绍。王早生会长和王学军秘书长均予以了肯定。

杨国华会长介绍了当前贵州监理企业基本状况、资质升级存在的问题及企业生产经营、服务费收取等情况。参加座谈会的贵州省监理企业负责人结合本企业的情况，就工程监理计费、监理服务费收取、监理行业人才队伍建设、全过程工程咨询业务发展方面存在的问题和工程监理企业资质升级面临的困难等方面纷纷发言。

王学军秘书长对企业转型升级、信息化管理以及服务费用等进行了指导，并向贵州监理企业提出了几点希望：一是在改革发展过程中监理企业要坚持做"强、专、精、尖"，要强基础、补短板；二是大中型监理企业要根据市场需要，拓展业务范围；三是要顺应改革大势，增强自身能力；四是要提高自身服务质量，坚持"做优做强"；五是要顺应时代发展，坚持提高信息化、智能化服务水平。

王早生会长表示，贵州监理协会在杨会长多年的领导下，为贵州监理行业的发展做出很大贡献。安全生产管理的责任是法定的，监理是无法推脱的，安全问题既然躲不掉还不如勇敢面对。既然安全生产管理工作要求监理担起责任，监理企业就要重视，要明确责任，充分发挥监理作用，体现监理在促进安全生产管理方面的价值。

王早生会长总结时指出，很多问题和困难是客观存在的，也可能一时解决不了，但我们不能因为有问题、有困难就退缩不前了。我们要努力把能做好的事做好。希望企业家要时时刻刻想着发展，要有做强、做优、做大的目标，要学会根据企业自身的规模和能力去对标努力。王会长倡导大家要抱团取暖，共同拥抱这个市场，项目总量不变、人员总量不变，企业越多就越难做了。所以建议大家要相互配合，资源互补，搞兼并重组，实现共赢、多赢。

（贵州省建设监理协会秘书处　供稿）

中国建设监理协会"市政工程监理资料管理标准"课题圆满通过验收

2020 年 12 月 3 日，中国建设监理协会组成验收专家组，对由浙江省全过程工程咨询与监理管理协会牵头完成的《市政工程监理资料管理标准》课题进行了验收。验收组由中国建设监理协会秘书长王学军、中国建设监理协会专家委员会常务副主任修璐、中国建设监理协会专家委员会副主任委员杨卫东、河南省建设监理协会会长孙惠民和湖南省建设监理协会常务副会长兼秘书长屠名瑚五位专家组成。修璐主任担任验收专家组组长。

中国建设监理协会副会长、陕西省建设监理协会会长商科，贵州省建设监理协会会长杨国华，海南省建设监理协会会长马俊发，以及浙江省全过程工程咨询与监理管理协会常务副会长兼秘书长吕艳斌等课题组全体人员参加了会议。

会上，宁波市斯正项目管理咨询有限公司总工程师周坚梁代表课题组向验收组专家介绍了课题研究过程、课题研究报告的主要内容和《市政工程监理资料管理标准（送审稿）》的总体框架及主要条文及研究过程中的相关背景情况。

在听取课题组汇报的基础上，验收组专家认真查阅资料，对相关问题进行了质询并进行了充分地讨论，一致认为：课题组提交的资料齐全、完成了合同委托的研究任务，取得了预期的研究成果，符合验收要求，一致同意通过验收。

验收组专家认为：课题融合了国家、部分地区和行业的相关法律法规和标准，内容全面、结构合理、逻辑严谨，具有较强的针对性、实用性和可操作性，填补了我国市政工程监理资料管理标准的空白，具有一定的创新性，达到国内领先水平；进一步完善了监理工作标准化体系，具有较高的实用价值，对提升监理工作服务水平、切实履行工程质量和安全生产管理的监理职责具有重要的指导意义。

王学军秘书长认为课题对进一步完善监理工作标准化体系，提升监理工作服务水平、履行工程质量和安全生产管理的监理职责具有重要的规范作用。计划此标准明年在会员单位中试行，待成熟后转为行业团体标准。

（浙江省全过程工程咨询与监理管理协会 供稿）

中国建设监理协会"城市轨道交通工程监理规程"课题验收会顺利召开

2020年11月6日，中国建设监理协会"城市轨道交通工程监理规程"（以下简称"规程"）课题验收会议在广州顺利召开。本课题由中国建设监理协会委托广东省建设监理协会承办。课题组组长、广东省建设监理协会会长孙成及课题组和验收组共17位专家参加了会议。中国建设监理协会会长王早生出席了会议并作总结讲话。会议由课题验收组组长、中国建设监理协会专家委员会常务副主任杨卫东主持。

"规程"课题组组长孙成和副组长王洪东分别就课题基本工作情况、主要编制思路、主要问题解决、各章节编制要点、征求意见情况说明等内容进行汇报。

听取了课题组的工作汇报后，验收组专家认真审阅了课题结题资料，对有关问题进行了详细询问并提出意见和建议。经验收组专家评议后，一致认为本"规程"课题组完成了合同规定的研究任务，课题报告内容完整、结构合理、层次清晰、逻辑性强，填补了城市轨道交通工程监理工作标准体系研究的空白；本课题成果对于城市轨道交通工程监理工作标准化、规范化、系统化和信息化等将起到积极的推进作用，达到了国内领先水平。

中国建设监理协会会长王早生对课题组务实的研究态度和取得的研究成果予以高度评价，对课题组各位专家的辛勤付出表示感谢。他指出，"规程"课题组能结合实际，在全国范围内有针对性地进行广泛、深入的调研，在编制深度与广度、适用性和可操作性等方面成效显著。下一阶段应结合验收组专家的意见，优化后及时完成课题报告交付工作，并继续做好成果应用，实现监理行业更大的社会责任和价值。

（广东省建设监理协会 供稿）

监理行业转型升级创新发展业务辅导活动在贵阳举办

2020 年 12 月 10 日，中国建设监理协会在贵阳市举办了监理行业转型升级创新发展业务辅导活动。贵州省住房和城乡建设厅建筑业管理处处长周平忠致辞，中国建设监理协会会长王早生出席活动并讲话，副会长兼秘书长王学军及行业专家作专题讲座。来自各地的 305 名会员参加活动，活动由协会副秘书长温健主持。

王早生会长首先对前来参加业务辅导活动的会员代表表示欢迎。对本次业务辅导活动强调了四点：一是要深入贯彻学习党的十九届五中全会精神，全会提出的"十四五"时期经济社会发展主要目标和 2035 年远景目标，事关整个国家经济社会的发展，更为行业发展提供了方向指导，希望大家高度关注。其中一个关键词就是高质量发展，提出了"构建以国内大循环为主体，国内国际双循环相互促进"的新发展格局。二是强调了深化改革的重要性。当前高质量发展是主题，供给侧改革是主线，改革是根本动力。只有通过深化改革，创新发展，企业才能做强、做优、做大，实现转型升级。如何实现高质量发展，实现"十四五"规划目标和 2035 年远景目标，更要靠深化改革。监理制度作为新生制度还在不断完善，要高举改革大旗，既要有理论理念的支持，又要经历实践检验，希望全国 9000 家监理企业、130 万从业人员都能认真思考监理的未来发展之路。三是强调重申了"补短板、扩规模、强基础、树正气"是监理企业和行业改革发展之路，针对实际及形势发展，从这四方面来提升企业整体素质，否则我们谈全过程和高质量发展，都只能是良好的愿望，很难落地。没有全能力，何谈全过程。要以高水平咨询引领高质量发展，为建筑业的高质量发展提供优质服务。结合深入工程实践、诚信的服务，赢得业主信任，实现自身价值，这样才可能通过深化改革实现转型升级。四是突出强调了在市场经济条件下，企业是市场主体。作为市场主体，市场经济能不能完善，中国经济下一步能不能发展得更好，面临百年未有之大变局，整个国家经济社会高速发展，更需要有理想、有情怀的企业家要有责任感和使命感，在做好自身具体工作的同时，为建筑业以及国民经济和社会发展做出监理人应有的贡献。

王学军副会长兼秘书长就"诚信与监理行业发展探讨"作专题报告。王会长首先强调自古诚信为做人立事之本，并就当前监理市场环境、行业的诚信建设体系与发展、诚信建设的做法作了深入交流。党和国家历来都非常重视诚信建设，政府主管部门不断强化建筑市场诚信建设，行业协会也高度重视引导行业诚信发展，诚信建设关系到监理行业生存与发展；希望广大监理企业及从业人员走诚信经营、诚信执业之路，发扬监理人向人民负责、业务求精、坚持原则、勇于奉献、开拓创新的精神，坚持五个自信，做到做人做事诚于心、信于行，为监理事业赢得长足发展。

北京交通大学教授刘伊生、上海同济工程咨询有限公司董事长兼总经理杨卫东、贵州省建设监理协会会长杨国华、上海市卫生基建管理中心主任张建忠、湖南省建设监理协会常务副会长屠名瑚、北京兴电国际工程管理有限公司董事长张铁明等六位专家围绕准确理解全过程工程咨询、提升集成化服务能力、全过程工程实践探索、建设工程安全生产管理的法定监理职责和履职能力、医院建设项目全过程 BIM 应用、工程监理与工程设计、监理企业的风险防控等内容作了专题讲座。

副秘书长温健作活动总结，本次活动内容丰富，针对性强，专家们通过案例讲解，对实际监理工作更有借鉴意义，希望大家学有所思、学有所用，并呼吁监理企业走"补短板、扩规模、强基础、树正气"发展之路，监理从业者诚信经营，诚实做人。活动达到了预期效果，取得了圆满成功。

2020 年度《中国建设监理与咨询》编委会工作会议在河南郑州召开

2020 年 12 月 17 日，中国建设监理协会在河南郑州召开"2020 年度《中国建设监理与咨询》编委会工作会议"。中国建设监理协会副会长兼秘书长王学军、河南省建设监理协会会长孙惠民、《中国建设监理与咨询》编委会成员等 53 人参加了会议。会议由中国建设监理协会副秘书长王月主持。

孙惠民会长致辞并介绍了河南的情况。王月副秘书长报告了《中国建设监理与咨询》2020 年度办刊情况及 2021 年工作设想。

武汉建设监理与咨询行业协会汪成庆会长、河南建达工程咨询有限公司徐斌主任、中国建筑出版传媒有限公司焦阳主编做了主题发言，湖南省建设监理协会副会长兼秘书长屠名瑚、北京市建设监理协会副会长张铁明、内蒙古自治区建设监理协会会长乔开元、河南省建设监理协会副会长兼秘书长耿春、吉林梦溪工程管理有限公司副总经理王庆国、中国水利水电建设工程咨询北京有限公司副总经理王世云、陕西中建西北工程监理有限责任公司原总经理申长均、北京赛瑞斯国际工程咨询有限公司办公室经理陈天衡、北京市建设监理协会办公室主任石晴、苏州市建设监理协会会长蔡东星、山西省建设监理协会郭公义等 11 位编委就刊物现状和如何办好刊物做了发言。编委们对编委会 2020 年度工作给予了肯定，并就 2021 年如何进一步提高刊物质量、内涵和吸引力，进一步扩大发行面提出了非常中肯和详细的建议。

中国建设监理协会副会长兼秘书长、编委会常务副主任王学军作会议总结，首先代表编委会向河南省建设监理协会及监理企业对本次会议的大力支持表示感谢。

王学军会长充分肯定了《中国建设监理与咨询》在行业和企业发展中所起的作用，并对 2020 年抗疫期间的宣传工作给予了表扬，指明了刊物的发展方向和道路。他指出，《中国建设监理与咨询》始终将服务行业发展、满足会员需求作为办刊方向，将宣传行业动态、政策法规，推广行业先进监理技术、交流创新管理经验作为报道内容是正确的。

对办好刊物提出了五点建议，一是进一步明确刊物定位，二是进一步理顺刊物内容，三是把握宣传报道的时效性，四是增加宣传报道的趣味性，五是坚持廉洁办刊。

会议全票通过了增选王月同志为《中国建设监理与咨询》编委会副主任。

中南地区省建设监理协会工作交流会在合肥召开

2020 年 11 月 24 日，中南地区省建设监理协会工作交流会议在安徽省合肥市隆重召开。广东、河南、湖南、湖北、江西、海南、广西、安徽等 8 省（自治区）建设监理协会及特邀嘉宾、企业代表共 130 余人参会。安徽省住房和城乡建设厅建筑市场监管处二级调研员辛祥同志到会并致辞。中国建设监理协会副会长兼秘书长王学军同志应邀参加会议并讲话。

辛祥同志代表安徽省住房和城乡建设厅建筑市场监管处就安徽省建设监理行业发展有关情况以及近年来开展相关监理工作向与会代表作了简要介绍，同时就监理行业今后发展方向等问题提了几点意见和建议。

王学军同志就监理行业发展现状、面临的改革和市场环境，以及促进监理行业健康发展等介绍了相关情况，提出了意见和建议。他强调，监理行业健康发展面临诸多问题和挑战，行业协会要联起手来，引领会员单位看到发展的契机，正视存在的问题，坚定发展的信心，规范市场行为，走诚信经营、诚信执业道路，加强行业

自律管理，为企业发展创造良好的环境，促进监理行业健康发展。

安徽、湖南、河南、湖北、江西、广东等省份共 8 位代表先后就质量安全第三方巡查、全过程工程咨询服务、建设工程监理项目以及协会工作等内容作了经验交流和分享，得到了与会代表的广泛关注和一致好评。

（安徽省建设监理协会 供稿）

江西省建设监理协会第四届第一次会员大会隆重召开

江西省建设监理协会第四届第一次会员大会于 2020 年 12 月 30 日上午在南昌市江西饭店隆重召开。江西省社会组织党委副书记、办公室主任王永，江西省住房和城乡建设厅一级巡视员章雪儿，中国建设监理协会会长王早生莅临大会指导并作重要讲话，会议各项议程圆满完成。

第三届协会会长丁维克同志作第三届理事会工作报告和财务工作报告，表决通过了协会章程修正案，经费管理办法修正案，换届选举办法和监票、计票人名单，公示了第四届协会会长、副会长、秘书长候选人简历，以无记名投票的方式选举产生了第四届协会理事单位及监事。在随即召开的第四届理事会上，选举产生了第四届协会会长、副会长、秘书长及 18 家常务理事单位。

新当选的第四届协会会长谢震灵作了发言，感谢各会员单位的信任，表示将不忘初心、牢记使命，带领第四届协会理事会积极开展工作，在做好会员单位服务工作的同时，充分发挥协会桥梁纽带作用，在相关主管部门的领导和支持下，促进江西省建设监理行业更快更好的发展。

江西省社会组织党委副书记办公室主任王永、江西省住房和城乡建设厅一级巡视员章雪儿作了讲话。

中国建设监理协会会长王早生同志作了重要讲话。他对协会第三届理事会的工作给予了肯定，也希望新一届协会理事会以更加扎实的工作作风，更加有力的工作举措，为促进江西省建设监理行业持续健康高质量发展做出应有贡献。

北京市建设监理协会召开第六届第五次理事会

12 月 4 日上午，北京市建设监理协会第六届第五次理事会在九华山庄会议中心召开。市监理协会会长、副会长、监事长、监事、理事及协会秘书处工作人员共计 98 人参加会议。会议由会长李伟主持。

会议首先由主持今年课题研究的四位副会长分别汇报了协会课题研究完成情况。兴电国际监理公司总经理张铁明解读"建设工程监理工作评价标准"课题研究成果，中咨管理咨询公司总经理鲁静解读"建筑法修订涉及建立责权利研究"课题研究成果，希达咨询管理公司总经理黄强解读"城市综合管廊工程监理工作标准"课题研究成果，赛瑞斯咨询公司总经理曹雪松解读"住宅工程外墙保温质量控制研究"课题研究成果。

李伟会长强调第六届理事会以"一个核心、两个双向服务、三个方面工作"为主导，引领会员单位开展了全方位的具体工作。"一个核心"是提高人员素质、提升行业形象、发挥监理作用；"两个双向服务"是监理协会服务会员单位和政府管理部门，监理单位服务建设单位和社会公众利益；"三个方面工作"一是创新引领行业走向，二是坚持稳存量和促增量相结合，三是提升监理人员素质和加强行业自律。

（北京市建设监理协会 供稿）

天津市监理协会成功举办天津市监理企业信息化管理和智慧化服务智能系统交流推介会

2020年12月3日，天津市监理企业信息化管理和智慧化服务智能系统交流推介会在天津市华城宾馆成功举办。本次推介会由天津市建设监理协会主办，广东世纪信通网络科技有限公司、西安易营信息科技有限公司、西安凯悦软件有限责任公司协办。协会组织了路驰监理、建设监理等55家监理企业出席本次交流推介会。

会议旨在落实中国建设监理协会关于开展推进诚信建设、维护市场秩序、提升服务质量活动要求；同时也是贯彻落实《国务院办公厅关于促进建筑业持续健康发展的意见》（国办发〔2017〕19号）、《国务院办公厅转发住房城乡建设部关于完善质量保障体系提升建筑工程品质指导意见的通知》（国办函〔2019〕92号）的要求；落实住房城乡建设部《2016—2020年建筑业信息化发展纲要》，推动信息技术与工程监理深度融合，不断提升工程监理信息化服务能力和水平。

推介会上，三家协办单位相继介绍了各自的系统特点。

天津市建设监理协会第四届六次理事会顺利召开

2020年11月16日，天津市建设监理协会第四届六次理事会在天津市华城宾馆召开。协会理事长、副理事长、监事长、监事、理事共40人出席会议。会议由天津市建设监理协会副理事长吴树勇同志主持。

会议首先由协会党支部书记、副理事长兼秘书长马明同志传达市国资系统行业协会商会党委文件。文件要求行业协会要加强党的全面领导，明确行业协会党组织功能定位，履行行业协会党组织基本职责，充分发挥行业协会党组织作用，加强组织领导。

协会理事长郑立鑫同志作"天津市建设监理协会2020年上半年工作总结及2020年下半年工作要点"报告。监事长郑国华同志作监事会工作的报告。

会议审议通过了"关于修订会费使用管理办法"等九项制度的议案。

（天津市建设监理协会　供稿）

天津市提升监理企业信用评价管理水平推动监理行业信用体系健全发展——天津市住建委举办关于修订"天津市房屋建筑和市政基础设施工程监理企业信用评价办法"专题研讨会

2020年11月25日，在天津市住建委举办了"天津市房屋建筑和市政基础设施工程监理企业信用评价管理办法"专题研讨会，会议由市住建委建筑市场管理处和市建筑市场服务中心主持。协会应市住建委建筑市场管理处要求，组织了华北监理、华泰监理、路驰监理等9家监理企业的负责人和信用评价专项工作人员出席会议。

市住建委建筑市场管理处讲解监理企业信用评价办法（草稿），并结合信用评价评分表的内容和评分标准深入讲解。

会上监理企业也发表了不同的建议与意见，与会领导也给出了相应的解答与说明，并建议各企业将提出的建议形成文字报告，再由协会梳理后，报送到市住建委建筑市场管理处。

（天津市建设监理协会　供稿）

山东省工程建设团体标准——《建设工程监理工作标准》审查会在青岛顺利召开

2020年11月14日，由山东省建设监理与咨询协会组织的山东省工程建设团体标准——《建设工程监理工作标准》审查会在青岛顺利召开。青岛市住建局工程质量监管处处长杜威、青岛市崂山区住建局副局长颜克志、山东省建设监理与咨询协会副理事长兼秘书长陈文、青岛市建设监理协会会长胡民等领导出席会议并讲话，山东建筑大学管理工程学院桑培东教授、中国海洋大学培训中心王东升教授、青岛理工大学刘文锋教授等9位专家以及课题组部分成员参加审查会议。会议由山东省监理与咨询协会副秘书长李虚进主持、桑培东教授担任审查组主任委员。

审查组认真听取了汇报，对送审稿进行了认真审定和充分讨论，审查专家从不同角度、不同方面提出了修改意见和建议，认为本标准资料齐全，符合验收标准要求，符合国家相关法律法规、标准要求，具有较强的针对性、适用性和可操作性，填补了山东省监理工作标准的空白，最后一致同意山东省工程建设团体标准——《建设工程监理工作标准》通过验收。

（山东省建设监理与咨询协会　供稿）

云南省建设监理协会第七届一次会员大会隆重召开

2020年11月20日，云南省建设监理协会第七届一次会员大会在昆明云安会都隆重召开。云南省139家会员单位代表出席了会议。协会会长杨丽代表理事会向大会作了第六届理事会工作报告。云南省住房和城乡建设厅建筑市场监管处负责人到会指导并讲话。会议由协会党支部书记兼副会长王锐和副会长刘军主持。

大会选举产生了协会第七届理事会、常务理事会和监事会成员。杨丽再当选为会长，王锐、郑煜、俞建华、刘军、李彦平、黄初涛、陈建新当选为副会长，胡文琨当选为监事长，文朝华、季旋、姚晗、纪丙安当选为监事。对长期以来关心和支持协会工作的李俊等19位行业专家及姚苏容等4位秘书处工作人员分别授予了"协会优秀专家"和"协会优秀工作者"称号并颁发了荣誉证书。会上还现场颁发了《云南省建设工程监理规程》主编、参编单位及参编人员证书。新当选的第七届理事会会长杨丽、监事长胡文琨分别发表了就职讲话。杨丽会长进行了大会总结。

大会严格按照《云南省行业协会条例》以及《云南省建设监理协会章程》相关规定，圆满完成了各项议程，并顺利闭幕。

（云南省建设监理协会　供稿）

湖北省建设监理协会举办安全知识系列公益讲座

2020年9月中旬至10月中旬，湖北省建设监理协会邀请本行业资深人士、律师、大学教授等专家学者，先后在湖北省宜昌、襄阳、黄石、武汉等地区举办安全知识系列公益讲座。

本次讲座围绕安全生产主体责任落实、风险管控、隐患排查等内容，结合当前安全生产工作形势，解读了房建、市政工程危险性较大的分部分项工程安全管理实施细则，解析了危险性较大工程施工安全技术与管理。同时讲座中也将《民典法》纳入一并宣讲，并就工程监理工作中需要注意的法律问题作了指导。内容通俗易懂，既有理论，又有实际，既讲到法律法规，又讲到事故案例，对湖北省监理企业全面落实主体责任，提高安全生产管理水平具有很强的指导意义。

考虑到疫情期间，讲座规模除武汉限额80名外，其他培训点限额60人。251家会员企业的负责人或重点项目总监理工程师参加了讲座和培训。

（湖北省建设监理协会　供稿）

闽贵监理协会联手约谈低价竞标成"低空风筝"

近期，针对贵州××监理公司未响应福建省工程监理与项目管理协会发出不参与"晟发名都"住宅34~36#、39~40#楼工程监理（三次）项目投标活动，参与了该项目的投标并以低价中标的情况，福建省工程监理与项目管理协会给贵州省建设监理协会发出《关于商请贵会协助对贵州××监理公司在闽监理项目进行履责监管的函》。

贵州省建设监理协会非常重视，其自律委员会立即对当事会员企业进行了约谈，贵州当事企业承诺放弃中标候选人资格，并已于10月20日向项目建设单位发出放弃"晟发名都"工程监理第一中标人资格的函。

这是协会继今年成功阻止三明市永安总医院建设项目工程总承包监理（7.8亿的工程监理费为272万元）等多个超低价监理招投标后，第一次成功阻止省外企业在闽参与的低价标竞标，维护了行业整体利益，在行业内产生重大影响。

两省监理协会友好合作为行业良性发展搭起沟通桥梁。福建省工程监理与项目管理协会会长和贵州省建设监理协会会长多次通话，共同探讨监理行业的管理与发展，双方达成了为确保监理服务质量，维护监理行业的声誉和整体利益，所属的会员单位在对方省内出现低价参与竞标等违规行为要互相通报，由各自的自律委员会督促整改的共识。

福建省工程监理与项目协会今年倡导监理企业遵守行业自律，倡议不参与低价投标，积极抵制压级压价、约谈会员单位、向省外监理协会发出履责监管函等取得了明显成效。众多低价标被纠正，不仅提高了行业整体利益，还逐步形成了以优质服务为导向的优质优价的市场服务机制。

（福建省工程监理与项目协会　供稿）

河南省建设监理协会《工程监理资料管理标准化与信息化工作指南》团体标准评审通过

2020 年 11 月 6 日下午，河南省建设监理协会《工程监理资料管理标准化与信息化工作指南》（房屋建筑工程）（市政公用工程）（以下简称"指南"）团体标准评审会在郑州召开。河南省建设监理协会会长孙惠民出席会议并讲话，河南省建筑工程标准定额站副站长朱军，评审组组长、河南省监理协会专家委员会副主任委员郭玉明等评审专家出席会议，会议由协会秘书长耿春主持。郑州大学建设科技集团有限公司蒋晓东、贾雪军，建基工程咨询有限公司黄春晓、刘涛等主编单位人员及部分参编单位代表参加会议。

在经过闭门评议后，专家评审组认为，编制组提交的资料齐全、翔实，符合评审要求；该指南层次清晰、内容全面、语言规范，可操作性强，丰富了建设监理行业的标准体系，有助于规范项目监理机构的资料管理，对监理资料的规范化和信息化具有指导意义；完成了立项文件规定的内容，达到了省内领先水平，一致同意通过评审。

孙惠民会长代表立项单位就编制工作作总结讲话，对编制组积极的工作态度和取得的工作成果给予了充分肯定。

（河南省建设监理协会　供稿）

河北省监理企业信息化管理和智慧化服务经验交流会成功召开

2020 年 12 月 22 日河北省监理企业信息化管理和智慧化服务经验交流会在石家庄市成功召开。由于受疫情影响，本次经验交流会，采取线下和线上同步直播方式进行，监理企业代表 200 余人参加现场经验交流会，5000 余人观看线上同步直播。会议由河北省建筑市场发展研究会秘书长穆彩霞主持。

本次交流会邀请省内多家监理企业在会议现场进行交流，让处于不同发展阶段、不同规模、不同类型的监理企业，都能找到信息化应用点和可借鉴的有益经验。同时，邀请广东世纪信通网络科技有限公司，西安易营信息科技有限公司参加会议。

瑞和安惠项目管理集团有限公司总工办主任宋志红、河北中原工程项目管理有限公司副经理徐荣香、河北冀科工程项目管理有限公司副经理刘志永、广东世纪信通网络科技有限公司经理助理黄洁岗、西安易营信息科技有限公司总经理苏凯、河北广德工程监理有限公司总经理邵永民、承德城建工程项目管理有限公司信息中心焦佳琪、河北方舟工程项目管理有限公司、石家庄汇通工程建设监理有限公司副经理杨晓楠、博科工程项目管理有限公司 BIM 负责人王雷等作了分享交流。

（河北省建筑市场发展研究会　供稿）

中国建设监理协会化工监理分会 2020 年化工工程监理向全过程咨询服务转型升级研讨交流会在云南昆明顺利召开

2020 年 12 月 23 日，由中国建设监理协会化工监理分会主办、北京中恒信达工程项目管理有限公司和北京中岩工程管理有限公司协办的中国建设监理协会化工监理分会 2020 年化工工程监理向全过程咨询服务转型升级研讨交流会在云南昆明顺利召开。中国建设监理协会王学军副会长兼秘书长、化工监理分会协会领导和第三届常务理事会成员单位及相关企业负责人 50 余名代表参加会议。会议由化工监理分会副会长兼秘书长王红主持。

中国化工施工企业协会会长余津勃出席会议并致辞。化工监理分会副会长兼秘书长王红作了"关于化工监理分会 2020 年工作总结及 2021 年工作安排"协会工作报告，会长潘宗高作总结发言。

会议表决通过了吸收上海建科工程咨询有限公司、北京兴油工程项目管理有限公司、咸阳宏业工程监理有限公司、青岛越洋工程咨询有限公司以及攀钢集团工科工程咨询有限公司为化工监理分会新会员，同时表决通过了河南兴平工程管理有限公司变更常务理事候选人的报告。

山东昊华工程管理有限公司董事长王智祥、青岛华鹏工程咨询集团有限公司技术负责人琚章胜、北京中恒信达工程项目管理有限公司林桢晟总经理、北京吉星工程项目管理有限公司董事长冯国雁、浙江华建工程管理有限公司董事长赵志红等进行了分享交流。

王学军副会长指出，一是要认识监理正在经历的转变；二是要建立相关标准；三是要提高自身信息化管理能力和人员服务能力；四是要明确以监理为基础，向项目管理、全过程咨询方向发展趋势；五是要求大家履行好监理职责，保障工程质量安全。

（中国建设监理协会化工监理分会　供稿）

创新监管模式，推动监理转型，上下同欲求谋合——合肥市建设工程第三方巡查评估研讨会成功召开

2020 年 10 月 17 日，合肥市建筑工程协会建设工程第三方巡查评估实践与展望研讨会召开。会议由合肥市城乡建设局、合肥市建筑工程协会主办。安徽省住房和城乡建设厅建筑市场监管处二级调研员辛祥，工程质量安全监管处一级主任科员蔡勇，合肥市城乡建设局副书记、副局长陈传东，质量安全处副处长黄春兰，合肥市重点局总工宣明，以及安徽省建设监理协会、合肥市建筑工程协会监理专委会、安徽省建设监理协会、安徽省建筑装饰协会、安徽省建筑工程招标投标协会及合肥市四区三县一市建设局、开发区建设局领导和 140 余家监理企业参加研讨会。

恒泰工程咨询集团有限公司和安徽省志成建设工程咨询股份有限公司介绍了他们开展建设工程第三方巡查的做法和经验。

陈传东副书记提出加快监理转型，提高服务能力，及早谋划企业下一步发展转型的新路径。要求一要规范市场有序健康发展，二要加强监理工程咨询行业的高质量发展，三要促进监理工程咨询行业队伍发展，四要积极推进市场第三方巡查的发展，规范工程建设行业质量安全的稳步提升。

（安徽省建设监理协会　供稿）

住房和城乡建设部办公厅关于进一步做好建设工程企业资质告知承诺制审批有关工作的通知

建办市〔2020〕59号

各省、自治区住房和城乡建设厅，直辖市住房和城乡建设（管）委，新疆生产建设兵团住房和城乡建设局，有关中央企业：

为贯彻落实全国深化"放管服"改革优化营商环境电视电话会议精神，深入推进建设工程企业资质审批制度改革，进一步做好建筑业企业资质、工程监理企业资质告知承诺制审批工作，现将有关事项通知如下。

一、自2021年1月1日起，在全国范围内对房屋建筑工程、市政公用工程监理甲级资质实行告知承诺制审批，建筑工程、市政公用工程施工总承包一级资质继续实行告知承诺制审批，涉及上述资质的重新核定事项不实行告知承诺制审批。实施建设工程企业资质审批权限下放试点的地区，上述企业资质审批方式由相关省级住房和城乡建设主管部门自行确定。

二、通过告知承诺方式申请上述资质的企业，须保证填报的包括业绩项目及项目技术指标在内的所有信息真实有效，项目符合法定基本建设程序、相关工程建设资料齐全，并由企业法定代表人签署书面承诺书。

三、通过告知承诺方式取得上述资质的企业，发生重组、合并、分立等情况涉及资质办理的，不适用《住房城乡建设部关于建设工程企业发生重组、合并、分立等情况资质核定有关问题的通知》（建市〔2014〕79号）第一款有关规定，应按照相关资质管理规定中资质重新核定事项办理。

四、我部将加强对通过告知承诺方式取得上述资质企业的事中事后监管，落实"双随机、一公开"监管机制，通过遥感卫星照片比对、组织实地核查、委托省级住房和城乡建设主管部门抽查等方式核查企业申报业绩。对通过弄虚作假等不正当手段取得资质的企业，依法撤销其资质，且3年内不受理其相应企业资质申请事项，并列入建筑市场主体"黑名单"；造成建设单位或其他相关单位和个人损失的，由申请企业承担相应法律后果。

五、企业通过告知承诺方式申请上述资质填报的业绩项目应为全国建筑市场监管公共服务平台（以下简称平台）中数据等级标记为A级（由省级住房和城乡建设主管部门审核确认）的工程项目。各级住房和城乡建设主管部门要加强对录入平台工程项目的审核把关，确保数据真实、完整、准确。我部将适时组织对平台工程项目数据进行抽查，发现数据审核把关不严、录入虚假项目信息的，将约谈省级住房和城乡建设主管部门，情节严重的予以全国通报。

六、自本通知印发之日起，《住房和城乡建设部办公厅关于实行建筑业企业资质审批告知承诺制的通知》（建办市〔2019〕20号）、《住房和城乡建设部办公厅关于在部分地区开展工程监理企业资质告知承诺制审批试点的通知》（建办市函〔2019〕487号）停止执行。

附件：1. 告知承诺制审批流程
      2. 企业法定代表人承诺书

住房和城乡建设部办公厅
2020 年 12 月 23 日
（来源　住房和城乡建设部网）

住房和城乡建设部办公厅关于开展建设工程企业资质审批权限下放试点的通知

建办市函〔2020〕654号

各省、自治区住房和城乡建设厅、直辖市住房和城乡建设（管）委、北京市规划和自然资源委员会、新疆生产建设兵团住房和城乡建设局：

为贯彻落实《建设工程企业资质管理制度改革方案》（建市〔2020〕94号），进一步放宽建筑市场准入限制，优化审批服务，激发市场主体活力，按照分批分步推进的原则，我部决定在部分地区开展建设工程企业资质审批权限下放试点工作。现将有关事项通知如下：

一、试点范围及时间

（一）试点地区。

选择上海市、江苏省、浙江省、安徽省、广东省、海南省等6个地区开展试点。

（二）试点期限。

试点时间为半年，2021年1月1日至6月30日。

二、试点内容

除最高等级资质（综合资质、特级资质）和需跨部门审批的资质外，将原由我部负责审批的其他资质审批权限（包括重组、合并、分立，详见附件）下放至试点地区省级住房和城乡建设主管部门。新资质标准出台前，按现行资质标准进行审批，审批方式由试点地区自行确定。

三、相关要求

（一）加强组织领导。试点地区省级住房和城乡建设主管部门要高度重视资质审批权限下放试点工作，精心组织，周密部署，配齐配强资质审批专业人员，加强业务培训，完善资质审批系统功能，确保"接得住、管得好"。各级住房和城乡建设主管部门要积极配合试点地区开展业绩核查等工作。

（二）规范审批行为。试点地区省级住房和城乡建设主管部门要进一步完善企业资质审批相关管理规定，细化审批标准和要求，严格依照相关资质管理规定和标准进行审批，并将通过审批的企业资质（仅限下放审批权限的资质）电子申报数据报我部备案。我部将进行随机抽查，发现违规审批的，将严肃处理；情节严重的，取消试点资格。

（三）维护统一市场。各地、各部门不得擅自增设或变相设置准入条件、限制取得试点地区住房和城乡建设主管部门根据下放审批权限审批相应资质的企业承揽业务。我部将对发生上述问题的地区和部门予以通报。

（四）加强事中事后监管。试点地区住房和城乡建设主管部门要进一步加大事中事后监管力度，创新监管方式和手段，完善建筑市场信用体系建设，落实工程质量终身责任制，依法依规严肃惩戒工程质量安全问题突出的企业，确保工程质量安全。

附件：试点下放审批权限的资质类别

住房和城乡建设部办公厅
2020年12月17日
（来源　住房和城乡建设部网）

监理企业诚信建设和标准化服务
经验交流会在郑州顺利召开

为进一步落实《国务院办公厅关于促进建筑业持续健康发展的意见》(国办发〔2017〕19号)、《国务院办公厅转发住房城乡建设部关于完善质量保障体系提升建筑工程品质指导意见的通知》(国办函〔2019〕92号),积极推进工程监理行业诚信体系建设,构建以信用为基础的自律监管机制,维护监理市场良好秩序,提升监理服务质量,促进监理行业高质量可持续健康发展,2020年12月16日,由中国建设监理协会主办,河南省建设监理协会协办的"监理企业诚信建设和标准化服务经验交流会"在郑州召开。来自全国近300名会员代表参加会议,河南省住房和城乡建设厅二级巡视员刘洪、中国建设监理协会会长王早生出席会议并讲话。会议分别由中国建设监理协会副会长兼秘书长王学军和副秘书长王月主持。

会上,11家监理企业就诚信建设和标准化服务分别介绍了他们企业的经验和做法。在诚信建设方面,广州珠江监理公司介绍公司创新项目服务质量管控核心机制,从廉洁从业管控入手构建诚信自律监管机制,以强化项目监管推动服务质量提升。友谊国际咨询公司介绍公司设立专门的廉政监理管理小组,多措并举规范诚信检查考核工作,规范监理从业人员的职业行为。河南建达咨询公司介绍公司严守合同契约、遵守行业诚信自律公约,规范公司的投标行为;建立诚信奖罚考核机制,树立诚信道德楷模,建立诚信服务的企业文化体系。中晟宏宇咨询公司介绍了公司通过抓好党建促发展,秉承诚信经营、合理取费、杜绝恶性竞争的发展理念,严格执行合同约定,高质量地完成项目管理工作。郑州中兴监理公司介绍公司以诚信自律为抓手,以技术创新为突破,强化企业内部管理,以党建工作引领企业诚信建设,促进企业健康发展。

会上,在标准化服务方面,浙江江南管理公司介绍了公司在项目服务标准化、服务保障标准化、标准服务信息化及企业管理标准化等方面取得的实践成果。河北冀科管理公司介绍了公司将党建与生产经营深度融合,营造廉洁诚信的执业环境,搭建信息化管理平台,促进管理标准化服务的提升。北京希达咨询公司通过介绍参与监理工作标准课题研究,阐述了标准化建设的意义,不断提升公司标准化管理和标准化服务能力。武汉华胜科技公司介绍了公司标准建设的五个阶段,分享公司从企业标准体系建设入手、规避人员履责风险、增强企业竞争力,促进企业产业链延伸。上海天佑咨询公司通过案例介绍公司标准化建设规范监理行为,改变传统管理方式和理念,走精细化管理之路,促进监理企业的健康可持续发展。中国水利水电工程咨询北京公司介绍了公司坚持诚信立企、标准护企,依托"三标一体"管理体系的有效运行,积极推进监理工作的程序化、标准化实施。

中国建设监理协会副会长兼秘书长王学军作总结发言。他强调,监理企业要树立正确的发展观,加强诚信建设和标准化建设,强化信息化管理和智慧化服务工作,多措并举提高人员素质,加强适应改革发展的能力,促进企业创新发展,推动行业持续健康发展。

关于印发协会领导在监理企业诚信建设和标准化服务经验交流会上讲话的通知

中建监协〔2020〕70号

各省、自治区、直辖市建设监理协会，有关行业建设监理专业委员会，中国建设监理协会各分会：

为进一步落实《国务院办公厅关于促进建筑业持续健康发展的意见》（国办发〔2017〕19号）、《国务院办公厅转发住房城乡建设部关于完善质量保障体系提升建筑工程品质指导意见的通知》（国办函〔2019〕92号），交流工程监理企业开展诚信体系建设，维护监理市场良好秩序，提升监理服务质量方面的经验和做法，2020年12月16日，中国建设监理协会在郑州召开监理企业诚信建设和标准化服务经验交流会。现将王早生会长和王学军副会长兼秘书长在本次会议上的讲话印发给你们，供参考。

附件：1. 王早生会长在监理企业诚信建设和标准化服务经验交流会上的讲话
2. 王学军副会长兼秘书长在监理企业诚信建设和标准化服务经验交流会上的总结发言

中国建设监理协会
2020年12月28日

附件1

展望十四五 推动监理行业高质量发展
王早生会长在监理企业诚信建设和标准化服务经验交流会上的讲话

2020年12月16日

各位领导、各位会员代表：

大家上午好！

首先我代表中国建设监理协会，欢迎大家来郑州参加"监理企业诚信建设和标准化服务经验交流会"。刚刚刘洪巡视员代表河南省住房城乡建设厅致辞，他曾担任过河南省建设监理协会的副会长兼秘书长，说明河南省政府主管部门重视监理行业，也表明河南省建设监理协会和省住房城乡建设厅的关系非常密切。我希望每个省协会和当地的建设主管部门以及其他的政府部门都有如此密切的联系，全力配合政府开展工作。这是今天交流会的一条经验。

今天我谈的是如何推动监理行业高质量发展。党的十九届五中全会审议通过的"十四五"规划和二〇三五年远景目标的草案。这个文件的内容很全面，对经济社会提出了发展目标，关键词就是高质量发展。高质量发展不仅是监理，也不仅仅是建筑业，是对全国各行各业以及整个经济社会全面的要求。

咱们的主业是工程建设，尤其聚焦于工程监理，所以我们应认真思考：如何才能推进工程监理的高质量发展。企业是市场经济的主体，在建筑业的各个主体当中，不仅有设计、施工、监理等，还有造价、勘察、检测，等等。通常说设计是灵魂，施工是主体。那么监理是什么呢？监理应该如何定位？专家们有很多的研究，在座的业内人士也有很多的议论。我认为监理既是监督，也是管理。监督是政府职能的延伸，就是质量安全监管职能的一种体现。工程质量安全监管是政府关心的事，但对于130多万人的监理行业，工程质量安全的职能不能丢。如果丢掉，恐怕就会失去存在的价值，作用会大打折扣。如何体现质量安全监管责任，如何更好地发挥监理

19

作用，我们要思考这件事，实际上也是监理的价值所在。所以说监理一是监督，二是管理，两条腿走路，支撑监理行业的发展。

市场经济中重要的是诚信，当然还有法治。如果没有诚信作为支撑，市场就会乱成"一锅粥"。监理是受业主委托来进行管理工作的，所以施工要服从监理的监督管理。另外，尊重和服从来自自身能力，比如现场监理人员必须看懂图纸，熟悉施工流程和实际做法，对施工单位不按规范要求施工的就要发出整改通知，仅仅口头提出整改不行，一定要书面的整改通知书，不能怕得罪人，怕得罪人，监理制度就形同虚设了。

监理高质量发展的目标是为业主提供高水平的标准化服务。监理行业130万人，9000家企业，平均下来一家100余人。社会上很多的同志听到"监理"两个字，不知道监理是干什么的。在这方面我们需要加强宣传，另外一方面希望我们在高质量发展、在为业主服务时，体现出我们的专业价值。大家有时候抱怨甲方趾高气扬不讲理，但是同样的甲方对设计或规划专业部门就显得客气。对大型施工单位也高看一眼，为什么就不把监理放在眼里呢？施工单位不服从监理的管理是错误的，但是要让施工单位心服口服，要想得到业主信任和尊重，一定要体现你的价值和作用，提供高质量的监理服务。

今天的经验交流会将"诚信建设"和"标准化服务"两个重要的主题作为交流的内容。今年七月我们在西安召开了"监理企业信息化管理和智慧化服务现场经验交流会"，会议开得非常成功，涌现出一批以陕西永明项目管理公司、河南建基工程咨询公司、广东中达安公司、重庆赛迪咨询公司等为代表在全国领先的开展信息化管理、智慧化服务的监理企业。我们上周在贵阳组织的转型升级辅导活动，围绕准确理解全过程工程咨询、提升集成化服务能力等方面在行业内开展辅导，效果也很好。我们对监理努力争当全过程工程咨询的主力军越来越有信心了，但信心不是盲目自信，一定还要大家继续努力。设计行业往下延伸，就是全过程工程咨询。造价行业比监理行业略微小一点，他们是专门研究经济的，也在琢磨联合并购设计院。监理的优势是现场管理的协调能力，短板是缺上游，逆水行舟往上游就比较费劲。规划设计是龙头，往下走比较顺。监理是下游往上走比较费劲，所以监理就需要更加努力，才有可能成为全过程工程咨询的主力军。我写过一首打油诗："全咨服务新天地，管理技术加经济，监理企业当奋起，改革创新成主力。"但是天上不会掉馅饼，希望大家共同努力争当主力军。

监理既要争取当好全过程工程咨询的主力军，又要当好政府的监管助手。今年住建部发文鼓励政府购买监理巡查服务来加强质量安全监管，并在江苏、浙江、广东三地区试点。在座的企业代表回去就跟省厅、市建设局、协会沟通，各个协会要主动出面沟通，把这项工作做起来，不能坐等试点，相信当地的建设主管部门一定会大力支持。监理行业改革一定要主动，不但要求生存还要求发展。大家既要做好企业管理，还要做好协会管理，衔接好工作，尤其是协助政府的改革推进工作一定要抓紧，一定要跟上，不要贻误监理行业改革创新的机遇。

要实现工程监理的高质量发展，就要做强、做优、做大企业，希望监理企业积极行动起来。我们不要把做强、做优、做大和做精、做专对立起来。只有做强、做优、做大，才有可能做精、做专，反之亦然。对于在座的监理行业的同志们来说，发展目标就是要既做强、做大、做优又做精、做专。

标准化、规范化是目标，智慧化是监理行业发展的必由之路。如果信息化、智慧化不跟上，也做不到管理的标准化、规范化。企业必须有信息化的管理平台，精前端强后台，而不是投标的时候重视，等到项目开工后就不断地换人，这是不诚信的行为。智慧化是企业开展标准化服务的必由之路，通过智慧化建设才能更好地实现标准化服务，要实现智慧化，做强、做优、做大是最基本的要求。只有企业达到一定规模后才有可能实现扁平化的管理，有能力去开发信息化的管理平台、技术装备等，才能为业主提供增值服务。

最后，再次代表中国建设监理协会向为工程建设做出贡献的同志们表示感谢。谢谢各位！

以诚信和标准化建设赋能监理行业新突破

王学军副会长兼秘书长在监理企业诚信建设和标准化服务经验交流会上的总结发言

2020年12月16日

尊敬的各位领导、各位会员代表：

大家下午好！

今天我们相聚在郑州，召开"监理企业诚信建设和标准化服务经验交流会"。因为疫情的原因，我们对会议规模作了适当控制，但是依然有来自全国监理行业近 300 位代表参会，可以感受到各位代表对企业诚信建设和标准化服务的重视。河南省住建厅二级巡视员刘洪苤临会议现场并致辞，介绍了河南省经济发展和建筑业及监理行业发展情况，对监理行业健康发展寄予厚望，让我们很受感动。早生会长的讲话结合"十四五"规划和二〇三五年远景目标，指出建筑业高质量发展的重要意义，强调指出监理在高质量发展中面临的问题和应承担的责任，并就如何做好监理，促进行业高质量、可持续发展提出了明确要求。我们要深刻领会，积极付诸实践，积极推进监理行业健康发展。

这次会议，有 11 家监理企业在会上分享了他们在诚信建设和标准化服务方面的经验。在诚信建设方面，如广州珠江监理公司创新项目服务质量管控核心机制，从廉洁从业管控入手构建诚信自律监管机制，以强化项目监管推动项目服务质量的提升。友谊国际咨询公司设立专门的廉政监理管理小组，多措并举规范诚信检查考核工作，规范监理从业人员的执业行为。河南建达咨询公司严守合同契约、严格遵守《河南省建设监理行业诚信自律公约》，规范公司的投

标行为，自觉维护监理市场秩序；建立诚信奖罚考核机制，树立诚信道德楷模，建立诚信服务的企业文化体系。中晟宏宇咨询公司通过抓好党建促发展，秉承诚信经营、合理取费、杜绝恶性竞争的发展理念，严格执行合同约定，高质量地完成项目管理工作。郑州中兴监理公司以诚信自律为抓手，以技术创新为突破，强化企业内部管理，以党建工作引领企业诚信建设，促进企业健康发展。

在标准化服务方面，如浙江江南管理公司在项目服务标准化、服务保障标准化、标准服务信息化及企业管理标准化等取得很好的实践效果。河北冀科管理公司将党建与生产经营深度融合，营造廉洁诚信的执业环境，搭建信息化管理平台，促进管理标准化服务的提升。北京希达咨询公司通过介绍参与监理工作标准课题研究为例，阐述了标准化建设的意义，不断提升公司标准化管理和服务能力。武汉华胜科技公司从企业标准体系建设入手，规避人员履责风险、增强企业竞争力，对数字化转型布局、促进企业产业链延伸具有重要的现实意义。中国水利水电工程咨询北京公司坚持诚信立企、科技强企、标准护企，依托"三标一体"管理体系的有效运行，积极推进监理工作的程序化、标准化实施。上海天佑咨询公司通过案例介绍标准化建设规范监理行为，改变传统的管理方式和理念，走精细化管理之路，促进监理企业的健康可持续发展。

这次诚信建设和标准化服务经验交流会，对于促进行业诚信体系建设，加强行业标准化服务，促进企业诚信经营、个人诚信执业，稳定监理市场秩序，推进行业健康发展将起到积极作用。

借此我谈几点意见供大家参考：

一、当前监理行业面临的主要问题

近年来，监理行业取得了长足的发展，但是还面临着一些较为突出的问题，总结下来主要有以下几点：

一是法制不健全。国家现有法律1110 部，其中行政类 59 部，经济法类 84 部；但是建筑市场管理方面的法律法规较少。指导规范建设行业的法律法规仅有《建筑法》《建设工程质量管理条例》《建设工程安全生产管理条例》，以及《合同法》《招标投标法》的部分条款，与建设行业的经济体量和建设行业在经济发展中的地位完全不相适应。而截至目前，尚未有专门用于规范指导监理行业的法律。

二是诚信意识不强。党和国家高度重视社会信用建设，建筑市场失信行为时有发生，低价恶性竞争问题较突出，工程建设中伪劣材料问题较多，监理行业也存在一些违约和不廉洁的问题。这些问题十分严峻，极大阻碍了建设行业健康发展并影响了监理行业信誉。

三是管理不规范。首先是行业标准

和规范还不够健全，其次有规不依、标准执行不到位问题突出，再有就是缺乏相应的考核和惩戒机制。

四是服务费用低。有的项目招标监理取费打折甚至更低，监理企业为了减少成本降低了服务质量，导致行业服务与费用恶性循环，严重影响行业健康发展。

二、如何促进行业健康发展

面对行业近年来出现的问题和困难，行业主管部门及协会高度重视，如何促进行业健康发展是我们要探索的方向，我认为主要从以下几个方面做起。

树立正确的发展观

俗话说的好，"只要思想不滑坡，办法总比困难多"，思想指引行动，树立正确的发展观是关键。

一是建立监理行业四个自信，即监理制度自信，监理能力自信，监理工作自信，监理发展自信。二是发扬五种精神，即向人民负责的精神，业务求精的精神，坚持原则的精神，勇于奉献的精神，开拓创新的精神。

全力推动行业改革

我们知道万事万物都不是一成不变的，任何行业如果一味因循守旧必将被社会所抛弃，我们要突破行业发展的困境，必须革故鼎新。为此，协会成立了"改革办"，也是要全力推进行业改革，力求以改革谋长远、以改革促发展。目前，我们亟须推动的改革举措主要有以下几点。

一是确定监理法律地位。监理法律地位不明确直接影响行业的权威性，在对修改建筑法的相关征求意见中，我们已经就监理的法律地位、监理范围、工作内容、责任等提出了修改建议。

二是简化监理资质等级和审批程序。近期，国务院批准建筑业资质改革方案，资质类别和等级由593项减为245项。监理保留了10项专业资质。近期国家批准在上海浦东新区开展"一业三证"改革试点，涉及建设房建市政监理只保留了综合和甲级二项资质。近期，按要求要对监理企业资质标准提出修改意见建议。另外，对监理行业发展提出"十四五"规划建议。

三是推进全过程工程咨询服务。住房城乡建设部正在研究制订"全过程工程咨询服务标准"和"合同示范文本"。为推进此项工作的开展，协会今年正在组织开展"监理企业全过程工程咨询策略与路径"课题研究，为监理企业参与全过程工程咨询服务提供指导。

四是推行政府购买监理巡查服务。今年9月住房城乡建设部发文在广东、江苏、浙江试点政府购买监理巡查服务，试点项目服务费可按照"薪酬＋奖励"的方式在政府购买服务中统筹安排。

五是推动全过程工程咨询计价规则研究。根据住房城乡建设部建筑市场监管司要求，由上海协会牵头正在组织专家为监理工程项目中监理、项目管理、风险管理耗费人工时提出计量规则建议。

三、加强五个方面建设

一是推进行业诚信建设。我们这次会议的主题是诚信和标准化建设，今天会上11个单位已经就这个主题进行了经验分享，由于时间关系，还有部分企业经验未能在大会上交流。大家在诚信建设和标准化服务方面的经验做法，将分批在《中国建设监理与咨询》刊物上进行宣传推广。目前，从会员诚信建设看，诚信体系基本健全，行规、公约覆盖全体会员，信用评估和信用管理办法正在试行，效果初步显现。今年，单位会员信用自评估工作已在地方协会指导和管理下顺利开展，有的已经完成。党和国家高度重视社会信用建设，现有26部法律、28部行政法规都有有关信用建设条款，国家有关部门已签署联合奖惩或联合惩戒备忘录共51项。但是，社会诚信不是一朝一夕形成的，不可一蹴而就，但要持之以恒，从现在做起，从我做起，从小事做起，从而化风成俗，让诚信在行业内蔚然成风。

二是推进行业标准建设。行业标准建设非常重要，2017年，协会发布了《建设工程监理工作标准体系》。之后开展了行业标准研究工作，今年我们发布了试行《房屋建筑工程监理工作标准》等五个标准。明年计划转为团体标准，之后还要进行宣贯。今年研究的《市政工程监理工作标准》等三个标准计划明年试行。2021年还要开展几个课题研究工作。标准化建设是行业规范化发展的基础，标准的研究和发布只是一个开端，更重要的是需要在座各位广泛宣传和积极推行，进而引导全行业重视标准、遵守标准、执行标准。

三是加强人员业务培训。人员是做好一切工作的基础，监理人员是做好监理工作的前提，协会将继续在坚持开展会员免费网上业务学习的同时，积极组织片区会员业务培训；希望地方协会根据企业发展需要开展业务培训，大中型企业要根据不同业务和岗位加强业务辅导，共同努力促进行业人员素质提升。

四是强化信息化管理和智慧化服务。以移动办公OA平台为支撑，发挥现代通信和网络在提升企业管理效率中的作用，实现业务管理和现场管理深度融合，协会七月在西安召开信息化管理现场交流会，目的是推进信息化管理和智慧化服务在行业管理和服务工作的升级换代。

五是加强适应改革发展的能力。随着建设工程组织模式、建造方式和服务方式的变革，行业要从体制上发挥自我优势，有能力的企业可以开展全过程工程咨询等服务，中小监理企业可采取联合重组，兼并合作等方式增强自身能力，做专做精，力争做优做强。

同志们，今年是较为艰难的一年，受疫情影响，各类企业经营遇到了一些困难，但是我们要坚信有党中央的坚强领导，困难一定能够战胜。让我们凝心聚力，加强标准化建设，走诚信经营、诚信执业的道路，用监理人的智慧，努力夺取疫情防控和企业高质量发展双赢，创造行业美好的明天！

这次会议开得比较成功，感谢各位代表不辞辛苦从四面八方前来参会，感谢发言单位和提交交流材料单位对协会工作的支持，对行业发展的贡献，感谢河南省建设监理协会和监理企业对这次会议的鼎力支持。最后，祝各位身体健康，返程顺利！

谢谢大家！

关于印发《〈中国建设监理与咨询〉2020年度办刊情况及2021年度工作设想》《王学军副会长在〈中国建设监理与咨询〉编委会上讲话》的通知

各省、自治区、直辖市建设监理协会，有关行业建设监理专业委员会，中国建设监理协会各分会：

2020年12月17日，中国建设监理协会在河南郑州召开2020年度《中国建设监理与咨询》编委工作会。会议审议通过了编委会2020年度办刊情况及2021年度工作设想，编委会常务副主任王学军副会长以"强化宣传报道 促进行业健康发展"为做主题发言。

现将《〈中国建设监理与咨询〉2020年度办刊情况及2021年度工作设想》《王学军副会长在〈中国建设监理与咨询〉编委会上讲话》印发，谨供大家参考。

附件：1.《中国建设监理与咨询》2020年度办刊情况及2021年度工作设想

2. 强化宣传报道 促进行业健康发展在编委会上的发言——王学军

中国建设监理协会

2020年12月25日

附件1

《中国建设监理与咨询》
2020年度办刊情况及2021年度工作设想

一、2020年刊物情况

1. 2020年，《中国建设监理与咨询》紧密围绕"补短板、扩规模、强基础、树正气，促进监理企业和行业改革发展"的主题开展编辑选稿工作，累计刊登各类稿件230余篇，230余万字。栏目包括：行业动态、政策法规消息、本期焦点、大师讲堂、监理论坛、项目管理与咨询、创新与研究、人才培养、企业文化、人物专访、百家争鸣等十一个栏目。

在"行业动态"栏目中，主要选编了中国建设监理协会及各省、直辖市、专业协会和分会发来的活动报道。一方面是向整个行业介绍全国的行业发展及活动动态，期望能够互相了解、借鉴和启发，另一方面是起到行业大事记的作用。

2020年，有25个省、市协会及专业分会向刊物提供了70余篇行业动态类稿件，包括北京、天津、河北、山西、吉林、上海、江苏、浙江、福建、山东、河南、湖北、湖南、广东、广西、重庆、贵州、云南、陕西、武汉、深圳、铁道、石油天然气分会、化工分会、电力协会等。

在"政策法规消息"栏目中，主要刊登了当期住建部、国务院等部门发布的政策法规消息，以及当期颁布或开始执行的规范标准等。主要是起到拾缺补漏、归纳提醒的作用。

在"本期焦点"栏目中，主要刊登的是中国建设监理协会重要文件、领导讲话、课题研究成果内容以及大型活动的具体介绍等，对行业发展起到引领、规范的作用。2020年，我们结合协会的活动，围绕两个专题进行经验交流，一个是"建设工程第三方安全管理技术服务经验交流"，另一个是"监理企业信息化管理和智慧化服务经验交流"。

在"大师讲堂"栏目中，主要刊登的是一些著名专家的特邀稿件。

在"监理论坛""项目管理与咨询""创新与研究"这些栏目中，主要刊登的是具体的管理和技术操作方面的经验心得体会，主要面向的是一线广大的监理人员，目标明确，内容丰富，包括大量的项目管理经验、检查流程实操、各种注意事项等，多专业、多角度、多层次的阐述分析和实例，希望能够有利于监理人员提高管理水平和技术水准、开阔视野，增加知识储备，起到"补短板、强基础"的作用。

在"人才培养""企业文化""人物专访"栏目，着眼点是提高企业管理水平，展示企业文化，树立正面形象，传播宣传正能量。

"百家争鸣"栏目，着重于思考和创新，期望以新思想新创意推动行业发展。

2. 2020年征订数量为3798份，与2019年基本持平。有20家省、市和行业协会及256家监理企业参与了征订工作。有89家地方或行业协会、监理企业以协办单位方式参加共同办刊。他们是我们编委的重要组成部分。

他们是：北京市建设监理协会、河南省建设监理协会、云南省建设监理协会、河北省建筑市场发展研究会、福州市建设监理协会、湖北省建设监理协会、贵州省建设监理协会、山西省建设监理协会、上海市建设工程咨询行业协会、福建省工程监理与项目管理协会、广东省建设监理协会、安徽省建设监理协会、温州市全过程工程咨询与监理协会、重庆市建设监理协会、中国建设监理协会机械分会、湖南省建设监理协会、深圳市监理工程师协会、中国铁道工程建设协会、天津市建设监理协会、广州市建设监理行业协会、中通服项目管理咨询有限公司、中建卓越建设管理有限公司、

西安铁一院工程咨询监理有限责任公司、中国水利水电建设工程咨询北京有限公司、京兴国际工程管理有限公司、广东宏茂建设管理有限公司、贵州三维工程建设监理咨询有限公司、武汉华胜工程建设科技有限公司、湖南长顺项目管理有限公司、广东工程建设监理有限公司、重庆林鸥监理咨询有限公司、西安高新建设监理有限责任公司、建基工程咨询有限公司、北京兴电国际工程管理有限公司、山西省煤炭建设监理有限公司、合肥工大建设监理有限责任公司、鑫诚建设监理咨询有限公司、厦门海投建设监理咨询有限公司、江苏赛华建设监理有限公司、重庆联盛建设项目管理有限公司、重庆赛迪工程咨询有限公司、中国华西工程设计建设有限公司、中船重工海鑫工程管理（北京）有限公司、西安四方建设监理有限责任公司、大保建设管理有限公司、贵州建工监理咨询有限公司、上海振华工程咨询有限公司、吉林梦溪工程管理有限公司、北京赛瑞斯国际工程咨询有限公司、上海市建设工程监理咨询有限公司、河南兴平工程管理有限公司、内蒙古科大工程项目管理有限责任公司、新疆工程建设项目管理有限公司、浙江华东工程咨询有限公司、北京五环国际工程管理有限公司、浙江江南工程管理股份有限公司、华春建设工程项目管理有限责任公司、西安普迈项目管理有限公司、驿涛项目管理有限公司、业达建设管理有限公司、云南新迪建设工程项目管理咨询有限公司、武汉星宇建设工程监理有限公司、连云港市建设监理有限公司、浙江求是工程咨询监理有限公司、河南长城铁路工程建设咨询有限公司、江苏建科工程咨询有限公司、河南省光大建设管理有限公

司、重庆正信建设监理有限公司、浙江嘉宇工程管理有限公司、重庆华兴工程咨询有限公司、上海建科工程咨询有限公司、北京希达工程管理咨询有限公司、新疆昆仑工程咨询管理集团有限公司、云南国开建设监理咨询有限公司、山东胜利建设监理股份有限公司、方大国际工程咨询股份有限公司、河南清鸿建设咨询有限公司、郑州中兴工程工程监理有限公司、中咨工程管理咨询有限公司、林同棪（重庆）国际工程技术有限公司、中元方工程咨询有限公司、甘肃省建设监理有限责任公司、河北中原工程项目管理有限公司、四川二滩国际工程咨询有限责任公司、云南城市建设工程咨询有限公司、陕西中建西北工程监理有限责任公司、上海同济工程咨询有限公司、青岛东方监理有限公司。

3. 根据工作安排及征订情况，对编委会组成进行调整。

4. 圆满地完成了行业抗疫宣传报道工作。

2020年通过抗疫宣传报道工作，更多人看到了行业的正面形象，提升了行业被认知度，振奋了行业士气，为促进行业健康发展起到了积极作用。

新冠疫情蔓延之初，监理企业和从业人员是最早投入到抗疫前线的人群之一，面对危险疫情，广大监理人员放弃春节与家人团聚的时间，奋不顾身，踊跃报名，积极投身到抗疫医院建设的第一线，加班加点，24小时轮班工作，为抗疫医院早日投入使用贡献了自己所有的力量。同时，广大监理人员、监理企业大爱无疆，积极捐款捐物，以各种方式投入到抗疫的热潮中去。

从1月28日（大年初四）至3月16日，连续49天，我们协会的编委携

手各省市地方协会、分会的同志们，克服了人手不足、居家不便等很多困难，在《中国建设监理协会》公众号上，坚持每日对监理行业企业和个人抗疫事迹进行实时报道、宣传，共推出220余条监理行业抗疫报道，极大鼓舞了行业士气，坚定了大家战胜疫情的决心和信心，全面提升了监理人员有担当的正面形象。

2月20日、2月28日、3月12日、4月1日四次在《中国建设报》第二版全版刊登《逆行最美 大爱无疆——监理人"大疫面前有担当"系列报道》，报道了行业763家企业参与抗疫的先进事迹，社会影响很大很好，得到各界及部领导的肯定和好评，在全国抗疫大战中充分展现了监理人"有担当"的风采。

5. 建立《中国建设监理与咨询》微信公众号。

6. 在《中国建设报》刊登文章，用以加强对监理行业的正面宣传，引导社会舆论关注。

二、2021年工作设想

1. 继续以党的十九届五中全会精神为统领，积极落实"十四五"规划，坚持服从以习近平为中心的党中央的领导，切实提高政治思想站位，自觉增强使命感和责任感，开创监理事业宣传工作新局面。

2. 继续做好杂志的编辑出版工作。

延续现有栏目设置及选稿模式，努力提高刊物的质量。同时充分利用《中国建设监理与咨询》微信公众号为大家做好服务。

3. 围绕配合中国建设监理协会2021工作计划，增设专栏开展宣传展示工作，进一步传递正能量，树立行业正面形象。

4.2020年是变革年，积累了很多的经验可以交流，所以，我们计划在2021年开展一次征文活动。

以上是2020年工作情况汇报及2021年工作设想，不妥之处请批评指正，并提出宝贵意见和建议。

谢谢大家！

附件2

强化宣传报道　促进行业健康发展
在编委会上的发言——王学军

各位编委：

大家好！

今天我们相聚在郑州，共同商讨行业宣传工作，刚才王月同志对今年协会宣传工作进行了总结，并对2021年宣传工作提出了计划，我完全同意。河南、武汉监理协会对办好刊物提出了很好的建议，协办单位建筑出版社的同志对办好刊物给予了中肯的指导。听了大家对协会宣传工作的意见和建议，很有感触。2020年是不平凡的一年，既是抗击"新冠疫情"之年，也是监理改革发展之年。年初，当"新冠疫情"爆发后，监理企业和监理人员在党组织带领下不辱使命、

勇于担当，积极参加"抗疫医院"建设和捐款捐物。充分展示了"监理人"的正面形象，协会在宣传报道方面，除利用协会网站、微信公众号宣传报道外，还组织在《中国建设报》和《中国建设监理与咨询》刊物进行了连续报道，社会反响良好。今年也是监理改革之年，从监理工程师管理、监理资质改革设定，到监理服务方式和服务对象均有变化。面对监理行业遇到的变革，协会与地方协会联手在推进诚信建设、维护市场秩序、提升服务质量方面做了大量工作，协会利用现有媒体给予了充分的宣传报道，取得了较好的成效。

应当说《中国建设监理与咨询》在2020年行业宣传报道中发挥了重要作用，在全体编委同志们的共同关心支持下，始终将服务行业发展、满足会员需求作为办刊方向，将宣传行业动态、政策法规，推广行业先进监理技术、交流创新管理经验作为报道内容是正确的。各位编委在加强行业宣传报道工作中做了大量工作，在此，我代表中国建设监理协会对各位编委多年来对办刊工作的关心和支持表示感谢！

《中国建设监理与咨询》是定期公开发行的管理与专业相结合的刊物。既要注重行业动态报道，也要注重专业交流，

既要重视内容的真实性，也要体现宣传报道的时效性。不仅让阅读者从刊物中学到专业化的理论知识和管理经验，还可以让阅读者及时掌握行业的动态和政策法规的变化。下面就办好刊物提出以下意见和建议：

一、进一步明确刊物定位

《中国建设监理与咨询》应当以促进行业发展、满足会员需求为目标，对办刊的方向、办刊的思路进行调整，真正做到宣传与管理相结合、专业与行业发展相结合、指导性与可读性相结合、办刊与开展活动相结合。重点宣传报道行业发展需要的，具有专业性、实用性、指导性和前瞻性的文章；满足会员技术交流、信息传递，了解行业动态、政策法规变化需求。通过宣传报道，引导会员认识行业改革发展形势和专业需求，认清行业发展路径和趋势。

二、进一步理顺刊物内容

《中国建设监理与咨询》属监理行业刊物，应积极宣传先进的监理、项目管理、工程咨询经验；宣传信息化管理、智慧化服务典型案例；宣传监理企业诚信建设的做法和诚实守信事迹；宣传行业发展理论研究成果和团体标准推广应用；加强人物专访工作，宣传行业先进人物和事迹。通过宣传弘扬行业正能量，树立良好监理形象。

三、把握宣传报道时效性

《中国建设监理与咨询》是面向社会发行的刊物，对行业动态、政策法规调整，新的监理与咨询工作经验，要及时做出反应，做到宣传迅速、报道及时，使阅读者及时了解与监理行业发展的有关情况，跟上时代前进建筑业改革发展的步伐。

四、增加宣传报道的趣味性

《中国建设监理与咨询》要把专业报道与行业自律管理紧密结合，采取图文并茂等形式使刊物更加可读、可观，强化刊物风格，努力办成专业精湛、业务覆盖、品味高雅，既兼顾行业文化又有魅力的杂志。

五、坚持廉洁办刊

《中国建设监理与咨询》要坚持正确的政治导向，秉承"学术为天下公器"的宗旨，对所有投稿人一视同仁，主动与行业专家和先进人物约稿，按规定支付稿酬，坚持廉洁办刊。

同时，在宣传报道，为会员服务的工作中，注意发挥刊物微信公众平台的作用，对行业动态和时效性较强的文章及时在微信公众平台上刊登，在新的一年建立"人才招聘栏目"，为单位会员提供服务，帮助会员解决招人难的困难。

总之，监理行业的宣传工作，在协会党支部的领导下，要紧跟国家经济社会发展"十四五"规划和2035年远景目标，落实高质量发展要求，围绕行业高质量发展，围绕工程监理与工程咨询工作做好宣传正面典型，弘扬正能量，通过宣传引导监理行业高质量健康发展。

各位编委要积极履行职责，做好刊物的宣传和征订工作，协助做好优质稿件的组稿工作。相信在全体编委的共同努力下，一定会将《中国建设监理与咨询》办成传播满足会员需求的好平台，宣传行业动态和发展的好声音，发布行业高质量发展的好文章，取得促进行业健康发展的好效果的刊物。

谢谢大家。

解析研究柔性防水套管技术，明确设计、监理咨询及施工控制要点

张莹

北京凯盛建材工程有限公司

摘　要：本文重点结合"一带一路"哈萨克斯坦、乌兹别克斯坦等水泥生产线建设项目中所发现的问题，结合国标规范图集《防水套管》02S404（以下简称"《标准图集》"）展开深入解析研究。首次在工业、民用建筑领域内提出对称型、双支点、纯柔性可拆卸式穿墙柔性防水套管的新结构，纠正了现有《标准图集》中柔性防水套管结构中的不妥之处。包括定义错误、相互矛盾以及违背设计、施工验收规范之处，同时弥补现有人民防空地下室相关标准及图集中缺失柔性防水套管的结构形式，为今后修订国家标准、施工图集提供相关依据。此项技术荣获国家四项发专利，并解决了水泥生产设备的工艺管线埋设时合理穿越构（建）筑物结构墙体密封防水的相关技术难题。同时也为监理行业由原有的施工过程监理过渡为全过程、全方位的前期设计咨询工作铺垫扎实的理论技术基础。

关键词：高水位地区；介质管道；柔性防水套管；监理咨询

引言

目前，工业建筑、民用建筑、市政工程的给水排水专业中，介质管道在地下水位层内埋设穿越建筑物、构筑物等外围护结构墙体时，均执行《标准图集》。其中条文 3.6 规定，"防水套管的安装位置应尽量避开沉降缝、伸缩缝或两个较近距离的构（建）筑物，特殊需要时，必须经结构工程师设计选用"，大型水泥设备生产线设备厂房均相邻设置，并且介质管道长期处于工作振动状态。目前传统的设计方法调整设备介质管道走向与敏感地带的相对位置，同时要求结构工程师进行采取增大设备管线穿越处建筑地基基础，以减少构（建）筑物与介质管道二者在交集处产生的相对位移量，修改后的施工方案，技术复杂、成本高，后期一旦出现渗漏，维修难度大。

一、解读分析相关图集、标准条文，研究典型防水套管结构原理

（一）相关图集、标准

1.《标准图集》第 2 条规定：本图集适用于民用、一般工业、市政给水排水工程构（建）筑物。该条实施要点如下：

1）"民用"此处应理解为狭义上的民用建筑，不包含具有人民防空地下室的民用工程，其人防部分设计、施工及监理咨询过程均执行《人民防空地下室设计规范》GB 50038—2005，《人民防空工程施工及验收规范》GB 50134—2004 相关内容要求。施工执行《防空地下室给排水设施安装》07FS02，《防空地下室通风设备安装》07FK02，《防空地下室电气设备安装》07FD02 标准图集；其人防以外部分设计、施工及监理咨询执行《建筑给水排水设计标准》GB 50015—2019，《建筑给水排水及采暖工程施工质量验收规范》GB 50242—2002 和《防水套管》02S404 标准图集相关内容要求。

2）"一般工业"规范中未作任何使用范围说明和划分，本人通过若干工

业厂房设计的实施案例,证明原样照搬《标准图集》结构形式是不可取的。

2.《标准图集》第3.2条规定:柔性防水套管适用于有地震设防要求的地区,管道穿墙处承受振动和管道伸缩变形,或有严密防水要求的构(建)物。A型一般用于水池或穿内墙,B型用于穿构(建)筑物外墙。

此条定义的初衷是要说明柔性防水套管的应用场所,根据场所的特点合理选用不同类型的形式,但在意思表达切入点上存在以下不妥:

1)"柔性防水套管适用于有地震要求的地区"。定义错误,应从构(建)筑物与管道穿墙交集处产生的相对位移、变形,如何运用密封材料的柔性指标来补偿变形值满足防水功能定义。地震、振动、沉降和伸缩等都将以位移形式出现。若要突出"地震"其特别效果,应明确地震的震级和烈度等级,否则在实施过程中无法执行。

2)"管道穿墙处承受振动和管道伸缩变形"。此条定义用词不准确、内容不全。"管道穿墙处承受振动"中所谓的"振动"不仅包括构(建)物的振动,还应包括管道产生的工作振动。"管道伸缩变形"也过于局限,管道变形不仅纵向产生伸缩变形,还会有径向、旋转、扭曲及振动等各种综合变形(如循环水管道),最终表现形式还是二者的相对位移值。正确的意思解释应是:介质管道在穿越构(建)筑物时,二者分别坐落在各自独立的基础上,由于物体的自身特点,相互之间在不同时、不同向、不同幅度的各自变化,必然导致在交集处相互位置上发生位移或变形值的变化。由此引申,在无法克服相对位置变化的前提下,要求密封空间的材料应在许用变形能力范围内的塑性(柔性)指标补偿相互位移值,确保"变化空间"内整体密封效果,将密封材料的许用变形能力称之为"柔性指标",柔性防水套管结构具备了双重功效,一是柔性功能,二是防水功能。

3)"或有严密防水要求的构(建)筑物"。此处定义错误,当介质管道与构(建)筑物处在同一个地基上,二者相对静止,介质管道无工作振动,选用刚性防水结构更为合理。并非柔性防水套管结构整体强度、密封效果高于刚性防水套管结构;结合上文应为:当构(建)筑物内的介质管道穿越有严密防水要求的墙体时,若由于介质管道产生工作振动、变形或构(建)筑物的固有特征,在二者交集处存在相对位移或变形时,应采用柔性套管。

4)"A型一般用于水池或穿内墙"。此处定义错误,水池是一个有严密防水要求的构筑物,一旦泄漏将造成严重后果。与一个没有任何附加条件的内墙相提并论,显然是不合理的,A型的防水套管远远低于B型防水功能(A型仅含有一个密封结构面),通常在同一个防火分区内或人防同一防护单元中的普通内(隔)墙是没有任何防水、防气密封封堵的,因此也就更没有必要采用柔性防水套管进行密封,坐落在构(建)筑物内"水池",其内部渗透压力较大,加之出水管连接加压泵,管道上存在着水锤、气蚀、压力振摆及工作振动,管道与水池交集处必然产生相对位移,应选用B型,使用A型结构显然是不妥的。

5)"B型用于穿构(建)筑物外墙"。此处定义错误,B型是具有双侧密封结构的柔性防水套管,与A型相比,B型防水功能更好,但不能局限于构(建)筑物外墙,正确的表达应为:"B型用于构(建)筑与介质管道穿越处存在相对位移或介质管道存在工作振动、变形,在穿越具有严密防水功能的构(建)筑物墙体时"。例如:穿越有使用功能要求的地下空间包括地下室、地下车间、地下综合管廊、地下设备用房等结构墙;有严密防水要求的消防水池、循环水池,高位水塔等构筑物的墙体。

3.《标准条文》第3.4条规定:刚性防水套管适用于穿墙处不承受管道振动和伸缩变形的构(建)筑物。对于有地震要求的地区,如采用刚性防水套管,应在进入池壁或建筑物外墙的管道上就近设置柔性连接。

1)"刚性防水套管适用于穿墙处不承受管道振动和伸缩变形的构(建)筑物"。本条上半条正面定义刚性防水套管的应用场合。正确的表示应为:刚性防水套管适用于在二者交集处不存在相对位移且介质管道或构(建)筑物有振动或变形。

2)"对于有地震要求的地区,采用刚性防水套管,应在进入池壁或建筑物外墙的管道上就近设置柔性连接",本条下半部分与上半部分相互矛盾,正确的意思表达应为:在应该使用柔性防水套管的工作场所错误使用了刚性防水套管的补救措施或在维修改造工程中,应在介质管道穿越处的两侧加装柔性连接进行补救。同时此条与3.2条也存在相互矛盾之处。

4.《标准条文》第3.5条规定:防水套管选型或加工时,应满足管路设计要求,必要时,防水套管的壁厚、轴向推力等应经结构工程师确认。

1)"防水套管选型或加工时,应满足管路设计要求"。此条指的是在设计时防水套管的直径规格要与穿墙介质管道的直径规格相匹配,使得密封空间可容纳合理的密封结构,用于保证柔性指标。

2)"防水套管的壁厚"过于局限，预埋穿墙管整体密封结构的机械强度是一个不可忽视的重要环节，设计项目包括穿墙管的材质、壁厚、翼环板的厚度、翼环板的高度以及与套管主体的连接方式、焊接质量，保证与穿墙管整体结构强度、与墙体的连接强度，装配后不得降低墙体强度。

3)"防水套管的轴向推力"此处用词不妥，防水套管设置在墙体内与混凝土结构紧密结合，不承受任何附加的轴向推力。

4)"应经结构工程师确认"，有关防水套管的结构设计、选型确认工作，应由给水排水工程师负责更为合理。

综上所述，上述《标准图集》条文规定严禁低于其上位法的相关内容。

5.《建筑给水排水设计标准》GB 50015—2003中3.5.22条文规定：

给水管道穿越下列部位或接管时，应设置防水套管：

1)穿越地下室或地下构筑物的外墙处；

2)穿越屋面处。

"给水管道穿越下列部位或接管时，应设置防水套管"应为："给水管道穿越有防水性能要求的墙体或屋面时，应设置防水套管；在预留预埋介质管道时，应采取防水措施"，原因是仅有介质管道穿越墙体时，才存在套管穿越形式。标准中的"接管"应指穿越部位预留工作介质管道。

6.《建筑给水排水及采暖工程施工质量验收规范》GB 50242—2002中3.3.3条文规定：

地下室或地下构筑物外墙有管道穿过的，应采取防水措施。对有严格防水要求的建筑物，必须采用柔性防水套管。

"对有严格防水要求的建筑物，必须采用柔性防水套管"，此条作为强条欠妥，应为"对有严格防水要求的建筑物，必须合理选用防水套管的型式"并非一定选择柔性防水套管结构。

（二）研究《标准图集》中的柔性防水套管（B型）结构、工作原理

B型结构是《标准图集》中最为完善的柔性防水套管密封结构，如图1所示：

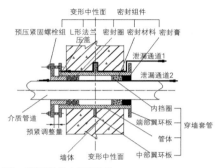
图1 B型柔性防水套管结构

该结构用于介质管道穿越墙体的柔性防水密封结构图，包括套装有介质管道的穿墙套管和分别设置在介质管道与穿墙套管之间的迎水面侧、背水面侧的密封组件；其中，穿墙套管预埋于墙体中，迎水面的密封组件形成第一道密封结构，第一道密封组件采用密封材料（沥青麻丝、聚苯乙烯板、聚氯乙烯泡沫塑料板）和简单的密封膏（聚硫密封膏、聚氨酯密封膏）组成，密封膏属于刚性材料，并作用于焊接在穿墙套管内部的内挡圈，作为单向约束定位封堵嵌缝处理手段。背水面的密封组件形成第二道密封结构，第二道密封组件采用橡胶密封圈（柔性材料）作用在焊接于穿墙套管内部的内挡圈和L形法兰压盖的双向约束定位封堵预紧，穿墙套管外部设有中部翼环板和两侧端部翼环板，中部翼环板埋设在墙体内，作为穿墙套管体与结构墙体的防水翼环，两侧端部翼环板凸出墙体。

（三）现有《标准图集》中的柔性防水套管（B型）结构存在不足

1.柔性防水套管严禁使用刚性密封材料

在墙体迎水面处的介质管道与穿墙套管之间的第一道密封组件采用刚性的密封膏密封，按照最不利密封材料组成原则，该密封结构应定义为刚性密封结构；当墙体或介质管道正常产生位移及变形后，刚性密封材料受到穿墙套管和介质管道之间相互作用，产生的破坏性结构缝隙使该密封组件失去密封作用。

2.穿墙交集处内部，介质管道双侧支点避免受力不均衡现象

该结构中的第一道、第二道密封组件所采用的密封方式、密封材料不同，使得介质管道在穿墙套管内部的两侧支撑点受力不一致，刚性密封膏不能吸收合理变形位移及介质管道的工作振动位移量，更易受到破坏，影响整体密封效果。

3.正确设计穿墙套管双侧端部翼环设计板位置

穿墙套管的两侧端部翼环板凸出墙体，该种设置方式不便于施工过程的模板支护，也不利于与墙体的结构钢筋生根固定，两侧端部翼环板凸出墙体部位不能与混凝土之间产生紧密接触，最终影响穿墙套管整体与墙体密封强度。由于金属穿墙套管与混凝土属于两种不同材质，彼此之间的物理膨胀系数不同，必然导致相互接触面之间产生渗漏缝隙，形成泄漏通道。仅靠中部翼环板止水，难以保证在地下水位较高、渗透压较大情形下的防水密封功能。

4.合理设计穿墙套管内部挡圈设置、装配方式

现有的内挡圈均设置在穿墙套管的内部，内挡圈的两端侧与穿墙套管内侧

面实施满焊,当穿墙套管的管径规格较小时,加工难度较大,甚至无法在内侧施焊,若外侧焊接将直接影响柔性密封材料的变形空间及其使用效果;当第一道密封组件失效时,由于两个焊接固定于套管的内挡圈遮挡,无法从背水面进行修复损坏了的第一道刚性密封材料,只能从建筑墙体外侧开挖,更换密封材料,修复过程中不可避免会将外围护墙体外侧的防水结构、保温结构破坏,增加维修难度、加大维修成本。

5. 正确选择柔性材料预压锁紧方式

现有的第二道柔性密封结构的 L 形法兰压盖,在预紧施工过程中,螺栓组作用在 L 形法兰压盖上,将预紧力传递给密封圈,且 L 形法兰压盖与穿墙套管的端部翼环板之间留有装配预紧空间,用以调节密封圈的预紧量。介质管道的长期工作振动中,螺栓组无法实现自锁功能,易松动。若将 L 形法兰盖与穿墙套管的端部翼环板直接紧贴锁固,虽能实现螺栓组的紧固自锁功能,但无法控制密封圈的合理预紧力及密封变形量,缺失调整环节,从而丧失柔性密封效果,也违背《标准图集》的设计意图。

6. 合理设置迎水面阻水设防方式

现有设置在建筑物墙体的外侧迎水面的第一道密封结构采用外端开放方式,未设置减压阻水及人民防空地下室设计规范中规定的战时状态下抵抗冲击波的抗力挡板,未做等强度设计,也没有对建筑物墙体开孔后的薄弱环节采取补强措施。

二、结合现场实施经验,明确设计、监理咨询控制要点

为了解决现有的《标准图集》柔性防水套管防水密封结构受力不均衡、密封面位置不正确,预埋套管与墙体连接强度不够、零部件加工复杂、密封性差、施工难度大和维修成本高,难以适用地下水位较高、渗透压较大的建筑场合等缺陷,笔者发明了一种适用于位于地下水位层内、渗透压力大并能满足《人民防空地下室设计规范》的柔性防水套管密封结构设计及施工方法。如图 2 所示:

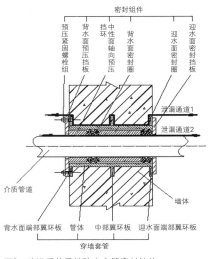

图2 改进后的柔性防水套管密封结构

(一)工作原理

密封组件包括均衡设置的两道柔性密封组件,即位于墙体迎水面的第一道密封组件和位于墙体背水面的第二道密封组件,均包括具有预紧力的多个密封圈和对应的端部挡板(迎水面密封挡板或背水面预压挡板),且两道密封组件之间由套装在介质管道上的预压挡环隔开,同样也便于预压挡环能够沿介质管道自由移动;迎水面密封挡板焊接固定于穿墙套管的迎水面端部翼环板上,起到在轴向方向约束迎水面密封圈的作用,改变了现有结构的开放无约束状态,采用焊接方式,是由于非固定式预压挡环结构改变了原有从迎水面进行维修的方式,后期可以从背水面进行维修,不需要拆除迎水面密封挡板。端部挡板与介质管道之间留有径向余量(即

综合变形间隙),使得介质管道的振动及建筑物产生的综合变形被柔性密封材料吸收,防止其直接作用于刚性结构(密封挡板)上,同理在背水面预压挡板与介质管道之间,背水面预压挡板为预压法兰压盖,预压法兰压盖与背水面端部翼环板采用预压紧固螺栓组紧固锁紧连接,密封圈的压缩量应为所有密封圈总长度的 20%。显然,由于墙体的厚度不同,穿墙套管的翼环板并不限于三个;密封组件并不限于两道,可通过轴向预压挡环分隔设置多组柔性密封圈。

(二)整体结构特征

1. 将原有刚性密封材料统一为柔性密封结构

为解决上述问题,将原有第一道柔性密封组件的刚性开放密封形式改为柔性密封组件结构,即迎水面轴向预压挡环、迎水面密封圈和迎水面密封挡板配合形成的具有预紧力的形式,该柔性密封组件具有以下特点:

1)符合密封学中关于柔性密封组件作用封闭空腔的搭建原理,改变原单向约束的开放密封形式。

2)运用了液压传动学帕斯卡连通器原理,使地下水位的渗透压力通过迎水面密封挡板与介质管道之间的综合位移间隙减压后作用于迎水面密封圈,大幅度降低密封材料所承受的压力(起到建筑学给水排水专业中的"减压孔板"作用),进一步提高密封组件的密封性能。改变了原有迎水面阻水设防方式。

3)结合《人民防空地下室设计规范》在穿越具有预定功能的地下相关管线要具有抵抗战时冲击波作用,该结构在迎水面密封挡板起到规范中所规定的"抗力片"作用。保证穿越介质管道与套管之间的密封材料部位与外围护结构等

强度，同时延长密封组件的使用寿命。

4）两端密封组件使用相同结构，解决了穿墙交集处内部，介质管道双侧支点受力不均衡的问题。

2. 改变翼环板位置，实现一举多得

原有穿墙套管的外壁焊接一个中部翼环板和两个端部翼环板，翼环板与墙体之间的相对位置如图3所示：

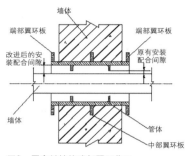

图3 原密封结构端部翼环位置

为了防止穿墙套管与墙体相互接触间的渗漏缝隙产生渗漏现象，在新密封结构中将穿墙套管的端部翼环板回缩至墙体中，端部翼环板的外部端面与墙体的表面处于同一平面，中部翼环板起到建筑密封学中的"止水板"效应，当端部翼环板回缩至墙体中，与中部翼环板共同构建形成机械密封学中的"迷宫结构"，即使各自翼环板与墙体之间存在膨胀间隙，渗漏水要想渗透至背水面侧需要依次越过各道翼环板，每经过一个翼环板，渗漏水需要经过一次90°的爬坡过程，这一过程急速降低渗透压力，起到阻水、止水的作用，多个翼环板形成的迷宫式结构依次消耗渗漏水的渗透压力，使得渗漏水无法穿越最后防线，渗透到建筑物内部。如图4所示：

改进后的端部翼环板的外端面与墙体的表面处于同一平面，其另一个作用可使得穿墙套管的翼环板与墙体的结构钢筋有效连接固定，同时便于墙体在浇

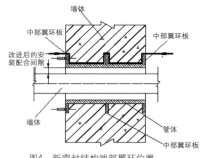

图4 新密封结构端部翼环位置

筑施工过程中的模板支护，增加穿墙套管与墙体的密封效果和连接强度，增大地下水位层的抗渗透压能力。

3. 将原有固定预压密封挡圈改为滑动可调式

原有的穿墙套管结构是在穿墙套管的管体内部焊接有两个内挡圈，该零部件结构的加工制作过程复杂，当穿墙套管管径规格较小时，无法进行内挡圈的内侧焊接加工，介质管道的安装间隙为原有安装配合间隙，亦是与介质管道之间留有径向间隙，该径向间隙为预设的综合变形间隙（综合变形间隙是一种多因素综合累加值，包括穿墙套管沉降、变形、扭曲产生的间隙以及介质管道工作振动、压力振摆、水锤现象等产生在径向的间隙叠加值，该叠加值可通过综合分析计算预估），施工装配难度较大。如图5所示：

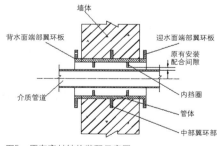

图5 原有密封结构装配示意图

现有穿墙套管的内挡圈改为独立的非固定式预压挡环，该预压挡环在介质管道穿过穿墙套管后安装，起到现有防水密封结构的内挡圈的作用，同时在介质

管道安装穿过穿墙套管的过程中，介质管道与穿墙套管之间的装配间隙由原来的原有安装配合间隙增大为改进后的安装配合间隙，该结构不但省略原有焊接加工方式，使得该零部件加工简单，同时大幅度降低了安装难度。如图6所示：

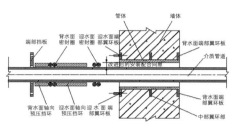

图6 现有密封结构装配示意图

4. 改变整体柔性材料预压预紧结构方式

原有的L形法兰压盖为焊接组合件，即在常规的法兰压盖基础上垂向焊接短管，在焊接过程中，由于焊接应力产生的变形，无法保证焊接在法兰压盖上的短管内孔轴线与预压紧固螺栓组轴线同轴度的误差以及法兰压盖作用面与短管轴线的垂直度误差，该二项误差均直接或间接影响密封结构的综合位移值的大小，若短管内径按照装配间隙设计，则难以保证密封间隙的尺寸精度；如按照密封间隙设计，则难以保证装配施工要求，更难于保证的是内挡圈轴向深度误差，使得装配预紧量定位值H（即L形法兰压盖的短管与密封圈的接触面与背水面端部翼环板前端之间的长度值）难以确定和保证，从密封学原理上该装配预紧量定位值H可以通过计算密封材料的预压缩值获得，但在实际施工上由于各种误差的积累，控制难度较大，即使通过相关工艺得到保证，但由于目前错误的紧固方式达不到紧固锁紧的作用，仅能起到预紧压缩量的定位作用，原因是作用在螺栓组的方向反作用力来自柔

性密封材料，而不是刚性物体，无法实现螺栓紧固扭矩，达到螺纹副的自锁状态，螺母处于浮游状态，在介质管道或墙体的振动下，螺母与螺纹配合副产生松动位移，即使已设定预紧压缩量量值也无法长久保证，防水密封效果也随之失去。在本设计的实施案例中采用无焊接分体件（即背水面的预压法兰压盖和背水面轴向预压挡环的组合）代替焊接组合件，该密封结构具备以下特点：

1）本预压挡板可利用标准的法兰盘进行改制加工，产品质量得以保证，更有利于标准化、市场化，将原凸出墙体的结构方式改为与墙体贴敷，美观性好。

2）利用可现场切制预压挡环尺寸，能够将现场各种加工误差，建筑物墙体误差及各种产品误差累计，准确地设计确定预压挡环的长度，保证密封材料预压缩量，进而保证密封防水密封效果。

3）由于预压挡环的精确配置，使得预压法兰压盖能够作用在刚性材质穿墙套管的端部翼环板上，预压紧固螺栓组紧固到位，无须控制原有无法可控的装配预紧量定位值 H，取消了原有调整环节，使得现场装配施工极为简单。

4）运用机械学紧固原理，将原有螺母的浮游紧固方式，改为刚性接触螺栓紧固状态，紧固扭矩满足预定值，使螺栓组长期处于自锁状态，真正做到紧固到位不易松动，避免了原有结构方式在使用过程中的松动现象。

5）简化了 L 形法兰压盖的加工工艺，采用改进后的法兰盘（背水面预压挡板）和背水面轴向预压挡环分体设置，降低了产品加工难度及尺寸精度，原有短管的各种加工误差不再影响综合变形间隙值，背水面预压法兰压盖与介质管道之间值可按照综合变形间隙设计，便于装配施工。

三、柔性防水套管在施工过程监理控制要点

首先将介质管道按照预定位置找平、找正、找标高，保证与穿墙套管的同轴度，介质管道穿过穿墙套管内，到位后调整介质管道与穿墙套管之间的配合间隙（径向、轴向）后，用固定支架或支墩固定介质管道，保证介质管道周边的许用变形空间（柔性），严禁将介质管道与端部挡板刚性接触，将迎水面密封挡板与迎水面端部翼环板进行焊接（不必进行满焊，严禁在密封材料安装完毕后焊接，否则密封材料将有损坏的可能）；然后依次将按照设计要求制作的迎水面密封圈、迎水面轴向预压挡环、背水面密封圈、背水面轴向预压挡环紧贴推入穿墙套管的管体内，预压紧定螺栓组穿过背水面预压挡板拧入背水面端部翼环板的螺丝孔内，背水面预压挡板通过预压紧定螺栓组的紧固力作用于背水面轴向预压挡环，产生轴向推力并作用于背水面密封圈，在背水面密封圈形成预紧变形的同时将轴向推力传递给迎水面密封圈，最终在迎水面密封挡板的反作用推力下，密封圈在封闭的空腔内按照设计的密封圈预压缩值，形成密封圈的内部应力，将密封间隙封堵形成防水密封效果。密封圈在背水面预压挡板和预压挡环及迎水面密封挡板的挤压作用下产生轴向作用力，优选的密封圈水平方向预压位移量为密封圈水平长度的 20%，密封材料在空腔内部产生全方位密封应力，使得密封圈与介质管道、穿墙套管紧密接触，满足防水密封的要求，待全部安装工程完成后，将迎水面密封挡板做好防腐处理。

通过以上实施案例证明，本发明的

柔性防水套结构管的设计方法适用于民用（包括人防地下室的给水排水管道、电气管道、水暖管道）、工业（含有水泥生产设备介质管道）在穿越处，由于各种因素（包括冲击波、地震、振动，沉降、伸缩；介质管道工作产生的压力振摆、水锤、振动等）产生二者相对位移，同时外界地下水位高、渗透压力大，要求具有防渗漏密封功能的构（建）物墙体。

结论

柔性防水套管对于各种工业、民用机电管线的安装、构（建）筑物结构的整体强度及防渗漏密封性能起到举足轻重的作用，但由于目前的国家标准、施工图集还不够完善成熟，设计单位缺乏设计依据，施工单位缺乏相应的施工图集，监理单位缺乏执法的理论依据，因此期待国家尽快制定相关标准，绘制相应的施工图集，通过整体把控和精细的设计，制定出完善的施工方案，建立新形势下的监理咨询工程师全方位、全过程、全负责的质量控制体系，进一步保证设备安装整体质量及建筑结构更加安全可靠，实现预期功能。

参考文献

[1] 中国建筑标准设计研究院.防水套管：02S04[S]. 北京：中国计划出版社，2007.

[2] 建筑给水排水设计标准：GB 50015—2019[S]. 北京：中国计划出版社，2019.

[3] 建筑给水排水及采暖工程施工质量验收规范：GB 50242—2002[S]. 北京：中国建筑工业出版社，2002.

[4] 人民防空地下室设计规范：GB 50038—2005[S]. 2011.

[5] 人民防空工程施工及验收规范：GB 50134—2004[S]. 北京：中国计划出版社，2004.

[6] 防空地下室给水排水设施安装：07FS02[S]. 北京：中国计划出版社.

[7] 张莹.人防机电预埋穿墙管相关技术标准和图集研究[J].标准科学，2020（4）：82—87.

浅谈BIM技术在住宅室内燃气管道设计阶段的应用

曾佑萍

晨越建设项目管理集团BIM中心

一、关于 BIM 的定义

BIM 是 建 筑 信 息 模 型（Building Information Modeling）的缩写，其中：

Building- 建筑：从广义角度来说，应该涵盖所有工程构筑物（包括土木与建筑），它指的是生活中的实体空间，以技术层面来分，较偏工程技术。

Information- 信息：实体空间中工程构筑物的相关数据或行为，在虚空间做数字表达的信息技术。它是 BIM 的核心所在，尤其是几何与非几何两种信息的关联关系。

Modeling- 模型：Modeling 是来自信息技术，面向对象技术的专有术语，简而言之，它是对象化的意思，就是将实体空间的实物（例如柱子）之属性（例如断面尺寸、材质）及行为（例如上下端相连的梁或柱，侧面是否有墙的判断准则等），用面向对象技术将此关系在虚空间组构起来，叫对象化。

综合来说 BIM 就是以三维数字技术为基础，集成了建筑工程项目各种相关信息的工程数据模型，利用信息技术和数字模型对建设项目设计、施工、运营管理等全生命周期进行协同管理，具有可视化、协调性、模拟性、优化性和可

出图性等五大优势。

二、项目案例背景

本文举例的海滨湾梧桐栖人才公寓项目（以下简称"海滨湾项目"）是成都首批开发的高端人才公寓之一，也是政府重点投资项目，最后以精装房交付，各类人才可直接拎包入住。在建设过程中，海滨湾项目以创建示范工地为目标，狠抓日常管理，通过科学管理和技术创新，积极应用新技术、新设备、新材料与新工艺，在施工策划、材料采购、现场施工、工程验收等各个阶段推广应用，并于 2019 年荣获"成都市优质示范工程"。

晨越建设项目管理集团股份有限公司的 BIM 团队（以下简称 BIM 团队）在海滨湾项目中提供全过程 BIM 咨询的服务，从设计阶段开始就利用 BIM 技术协助投资方优化项目管理。BIM 团队为了提供更加全面的服务，驻扎在项目现场，方便随时给各方参建单位提供技术支撑和 BIM 培训。海滨湾项目于 2020 年荣获"四川省建筑业新技术应用示范工程"，这项荣誉是 BIM 技术在该项目中发挥了其价值的最好体现。

三、燃气设计阶段潜在问题

（一）燃气设计行业潜在问题

1. 燃气设计师容易忽略成本和效果

燃气设计师与投资方、住户方对燃气管道设计方案的侧重点不同。燃气设计师在设计室内燃气管道方案的过程中，更多考虑方案的安全性，方案的成本和效果不是他们关注的重点，忽略了投资方不想投入过多的成本和住户方对美观性有着较高的要求，因此燃气设计师设计出来的方案还需要多次优化，直到各方满意。

2. 厨房没有预留合适的安装位置

根据《城镇燃气室内工程施工与质量验收规范》CJJ 94—2009 中规定燃气管道的敷设要与电气设备、相邻管道、燃气设备之间保证一定的安全距离，通常情况下，室内燃气方案是由各地燃气公司的燃气设计师单独设计的，相对于其他专业设计的时间较晚，燃气管道开始设计时，厨房内的建筑结构和机电点位（开关、插座）都已完成。在厨房内部构造已经完成的情况下进行燃气管道敷设，会发现厨房内没有预留燃气管道合适的安装位置（开关、插座需调整位置），或者预留的孔洞不符合安装标准（梁、楼

板、剪力墙需重新开洞）等问题。

（二）BIM团队潜在问题

1. BIM团队人员容易专注于模型本身

在以往的一些实际案例中，发现BIM团队人员在项目现场只会埋头钻研模型，专注于如何将模型建立得更加精细，而忽略了项目现场实际情况，不了解施工工艺和施工流程，跟设计单位沟通甚少，也很少主动熟悉相关的设计规范。基于BIM的设计方案优化流程（图1），对BIM团队人员的设计专业知识要求较高，在不了解设计意图的情况下绘制的模型就很难发现有意义的问题，不能提供有效的建议，还会导致其他单位认为BIM技术只能作为简单的翻模工具应用在设计阶段。

2. 缺乏完善的构件模型库

建立企业族库可以提高BIM模型的使用率和减少重复建模的工作。在燃气管道设计阶段利用BIM技术建立3D信息化模型的过程中，需要用到许多模型构件（例如：燃气灶、冰箱、橱柜、灶台、水池、抽油烟机、燃气表以及热水器等）来立体呈现燃气管道与其他设备之间的空间关系。市面上能搜索到并使用的构件族大多都通用性较强，精度不高，不适用于有着高精度要求的模型，而绘制这些设备构件族会花费BIM团队大量时间和精力，导致BIM团队人员没有足够的时间去验证设计方案的合理性和美观性。

四、BIM团队在实际工程燃气管道设计阶段的重点关注因素

安全、成本、效果是住宅室内燃气管道设计需要重点关注的三方面因素。安全是燃气设计师关注的重点因素，燃气设计师首先要确保燃气管道设计方案满足燃气设计规范，这是一切的前提。而燃气设计师出于燃气安全和方便后期维修的考虑，一般要求燃气管道入户后在室内进行明管敷设，禁止燃气管道埋地敷设，这会在一定程度上影响厨房室内的精装修效果。对于住户方而言，室内整体的精装修效果是他们衡量住宅品质的重要因素；对于投资方而言，需要投入的成本是他们确定设计方案的重要因素。由于燃气设计师、投资方和住户方身份的不同，导致他们对设计方案有着不同的衡量因素，燃气管道设计方案的最终敲定，需要将这三方面因素综合考虑，找到三者之间的平衡点。

五、BIM技术在实际工程燃气管道设计阶段的具体实施流程

海滨湾项目利用BIM技术优化整个燃气管道方案设计阶段的管理，包括初步设计阶段的设计优化和成本测算，深化设计阶段的方案深化和BIM出图。具体实施流程如下：

（一）设计优化

为了达到在模型中能真实还原燃气管道设计方案的目的，对模型精度要求较高。BIM团队根据图纸1：1还原厨房样貌，其中厨房内的设备设施（燃气灶、冰箱、橱柜、灶台、水池、抽油烟机、燃气表以及热水器等），在模型中如实反映了它们的空间形态、几何尺寸、材料样式和颜色等信息。对厨房内部及生活阳台的梁板结构高程和净空、柱体尺寸、平面墙体位置以及精装点位（插座、开关等）的高度和位置一一进行核对。

在燃气扩初设计方案中对燃气管道有两种敷设方式，一种是燃气管道从生活阳台入户后走橱柜上方接立管穿灶台用软管与燃气灶相连（以下简称"明装"），另一种是燃气管道从生活阳台入户后直接走橱柜下方接立管用软管与燃气灶相连（以下简称"暗装"）。

BIM团队根据燃气设计师初步拟定的明装（图2）和暗装（图3）两种方案建立了三维可视化模型。在这两种方

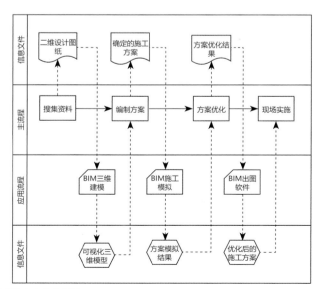

图1 基于BIM的设计方案优化流程

案中，燃气设计师只是在图纸上大致反映了燃气走向，并未全面考虑方案的可行性。因此 BIM 团队根据《城镇燃气室内工程施工与质量验收规范》CJJ 94—2009 在模型中对方案进行核查，检查燃气管道在厨房三维空间里是否安全合理，将有问题的地方实时记录，形成问题报告，达到设计优化的目的。

（二）成本测算

关于投资方重点关注的方案成本，BIM 团队对两种方案进行了成本测算，为投资方提供了方案成本对比，便于他们做出决策。

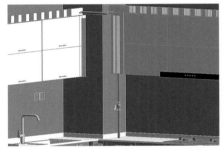

图2　某户型明装方案

图3　某户型暗装方案

在燃气扩初设计阶段初步拟定的暗装方案中，针对不同的户型有 2 种不同的暗埋敷设方式。一是走地柜敷设（图4）：地柜开百叶通气孔，地柜踢脚线开通气孔，涉及 7 个户型，共计 936 户。二是在吊顶内敷设（图5）：墙上剔槽，吊顶和地柜都需开 80cm 的百叶通气孔，涉及 6 个户型，共计 1031 户。采用此方案进行造价核算，得到现场预增加费用 140 万（其中新增地上开洞 40 万，橱柜重新开洞制作 100 万），暗装方案本身增加费用 230 万，共计 370 万。

在燃气扩初设计阶段初步拟定的明装方案中，部分户型的现场预留燃气进户洞口不满足入户要求，需要重新开设（图6）。现场共计 1967 个户型，BIM 团队通过核查模型得到需在入户墙上重新开设的洞口有 1547 个，根据《四川省建设工程工程量清单计价定额》（2015年版）得到混凝土墙开孔的综合单价为 100.18 元 / 个，孔洞封堵综合单价 12.19 元 / 处，穿墙钢管套报废综合单价为 98.05 元 / 个，则增设 1 个洞口的费用为 100.18+12.19+98.05=210.42 元 / 个，预增加开洞费用为 210.42×1547 ≈ 32 万元。

对燃气明暗装方案的成本测算进行对比，可得明装方案能节省成本约 340 万元；同时考虑到明装方案更便于后期

管道维修，最终采用明装方案进行燃气管道的敷设。

（三）方案深化

设计方案的深化是此次燃气管道设计过程中最重要的阶段，在该阶段中，BIM 团队分别对燃气管道方案和橱柜方案进行了深化。

1. 燃气管道方案深化

在燃气管道设计方案的深化中，BIM 团队主要做了如下工作：

1）对于燃气灶与燃气立管之间连接的软管长度超过 2m 的户型，建议修改燃气灶位置，一是因为软管长度有规范要求，如果超过 2m 容易发生安全事故，必须保证住户方入住后的使用安全；二是修改燃气立管位置需要重新布置燃气管道走向，橱柜和燃气灶都需重新开孔，改动成本较大，若修改燃气灶位置只需要灶台重新开孔，改动成本较小，且易操作。

2）燃气管道经过的地方存在燃气管道和插座点位水平安全距离不足的问题，BIM 团队严格按照设计规范在模型中修改插座点位位置，通过修改后的模型导出机电点位图纸，经燃气设计师确认后供现场实施。

3）根据敲定的燃气入户方案出具各户型的开洞图，经燃气设计师确认后供建筑结构专业预留孔洞。

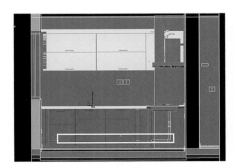

图4　走地柜敷设

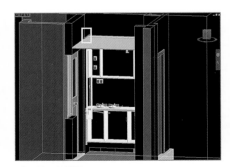

图5　吊顶内敷设

现修改洞口
原方案洞口

图6　现场开洞情况

2.橱柜方案深化

在橱柜方案深化的过程中，有三点需要注意的问题。

第一，该项目的橱柜都为整体橱柜，是指由橱柜、电器、燃气具、厨房功能用具四位一体组成的橱柜组合（以下简称"橱柜"），它们的施工工艺较一般橱柜更为复杂，施工成本较高。

第二，在以往的橱柜设计方案过程中，橱柜厂家与燃气设计师、投资方和其他参建单位只能基于二维图纸讨论方案，而二维的平面和剖面图不够立体直观，设计可视性较差。通过这种方式制定的橱柜方案在橱柜制作好进场后，难免会出现为了躲避多而复杂的管线，打掉背板、底板，甚至橱柜需要返工的情况。

第三，根据厨房的布局格式可将其分为一字形厨房、L形厨房、走廊式厨房等类型，每种类型的厨房由于面积不同需要制定不同的橱柜方案，橱柜设计方案较多，如果橱柜进场后出现修改和返工的情况改动成本较高。

为了避免上述问题的发生，减少后期橱柜改动的可能性，BIM团队在橱柜进场前对橱柜方案进行了深化。方案的深化主要是根据《家用燃气燃烧器具安装及验收规程》CJJ 12—2013中的规定，其中规定要求燃气立管经过的橱柜柜体处，上下柜板不应封闭，所有管线经过处，都应开设不小于80cm的孔洞。针对这一要求，BIM团队直接在模型中将燃气横管经过的地方，于吊柜顶线上方增加一块顶板（与吊柜门板同种材质），吊柜顶线和增加的顶板用横向顶封板（与吊柜门板同种材质，可拆除）连接，将燃气横管进行隐藏；燃气立管竖向穿过橱柜处做立板封板（与吊柜门柜

同种材质，可拆除）；横向顶封板和立板封板的通风样式（百叶窗或开圆孔或开矩形孔）根据精装修风格确定。

（四）BIM出图

Revit软件是BIM技术应用中的一款基础软件，它虽然功能强大，可以绘制各专业模型、出图以及出量，但是在建筑行业普及程度不如CAD且对电脑配置要求较高，非BIM从业人员很少会安装和使用此款软件，因此由Revit绘制的BIM模型大多是作为过程资料的支撑文件存在，根据BIM模型出具的图纸才是与其他单位沟通往来的重要文件。

在该项目中，BIM团队在深化燃气管道和橱柜方案的同时更新BIM模型，利用BIM模型导出了厨房及生活阳台的平面图、剖面图和三维轴测图。其中三维轴测图是BIM出图的一大亮点，它在CAD软件中打开是3D图纸，可以三维旋转，打破了以往CAD只能二维出图的壁垒。

最后，由BIM团队牵头各方参建单位展开了关于确定燃气管道和橱柜方案的专题会议。在会上根据BIM团队出具的图纸和提出的深化建议，结合各方参建单位意见，形成最终的燃气管道及橱柜方案，指导现场施工，体现了BIM技术应用下的设计施工一体化的价值。

六、项目案例结果分析

（一）BIM技术在燃气管道设计阶段发挥的作用

1.解决了安全、成本、效果三者之间的矛盾冲突

在海滨湾项目的燃气管道设计阶段过程中，BIM团队利用BIM技术协助燃气设计师和橱柜设计师制定了更加安全

可靠的设计方案，为投资方节省了不必要的成本，站在住户方角度提出了深化设计方案，尽可能地调和了三者之间因立场不同而产生的矛盾，具体方案如下：

1）在安全方面，根据燃气设计师提供的明暗装两种扩初方案设计图进行三维建模工作，建立3D信息化模型。利用BIM技术可视化特点，在模型中提前模拟燃气管道设计方案，将设计与施工可能存在的冲突提前预演，最大程度消除安全隐患。

2）在成本方面，根据3D信息化模型出具的图纸进行明暗装两种方案的成本测算。测算的依据主要是两种方案管道敷设的方式和走向不同，对厨房吊顶、墙面、楼面、橱柜等部位的开洞位置和开洞数量有着不同的影响，导致两种方案之间的成本有较大差异。

3）在效果方面，对燃气管道和橱柜方案进行深化。以安全性和美观性为前提，在保证燃气管道经过的地方能达到通风要求的情况下，对裸露在外的燃气管道进行隐藏处理（如橱柜开洞，加顶板、封板等方式），达到让住户方满意的精装修效果。

2.解决了燃气管道设计阶段的潜在问题

对以往的燃气管道设计阶段中发现的潜在问题，BIM团队都一一提供了解决方案，例如：

1）对于燃气设计师容易忽略成本和效果的问题。BIM团队在设计优化、成本测算和方案深化阶段，站在燃气设计师、投资方和住户方的角度分别对安全、成本、效果等因素都进行了考量，使燃气管道设计方案的制定更加全面。

2）对于厨房没有预留合适的安装位置的问题。BIM团队根据燃气管道深

化方案出具了燃气设计师认可的机电点位图纸和开洞图纸（含位置、标高），分别提供给机电、建筑、结构专业，让机电专业可以预留足够的安全距离进行燃气管道的安装，让建筑、结构专业预留合适的孔洞，使燃气管道在入户和安装前与其他专业紧密配合，减少施工时的二次开洞和返工。

3）对于 BIM 团队人员容易专注于模型本身的问题。在设计优化前，BIM 团队就开始熟悉各类燃气设计规范，再对燃气管道方案进行验证，并去施工现场察看安装条件是否满足要求，主动参与到燃气管道设计阶段的流程中，让 BIM 技术能够真正达到优化设计，辅助深化设计，减少设计变更的目的。

4）对于缺乏完善的构件模型库的问题。BIM 团队在该项目中建立了自己的企业族库，将绘制好的精装构件族（例如橱柜、灶台、冰箱、水池、燃气灶、抽油烟机、燃气表以及热水器等）上传到企业族库中，下一个房建类精装修住宅项目只需要根据构件的具体数据修改相关尺寸和材质就可以运用到模型中，极大地提高了 BIM 团队的工作效率。

（二）BIM 技术在燃气管道设计阶段的应用特点

在该项目的燃气管道设计阶段中，BIM 技术的应用主要体现了参数化设计、可视化交底和模型联动性等三方面特点。

1.参数化设计：BIM 团队建立 3D 信息化模型的时候需要录入各种参数信息（包括几何信息和模拟几何形状以外的非几何信息），这些信息可以根据需要随时调整。例如 BIM 团队在绘制精装构件族的过程中，将拥有共同特征参数的构件中的特征参数设置为可调，就能按照不同的特征参数信息进行修改，变化成相似却不相同的构件。

2.可视化交底：BIM 团队在设计优化和方案深化的实施流程中，利用 3D 信息化模型，将燃气管道的敷设方案提前预演，把未来施工过程中，各专业之间可能产生的矛盾冲突提前发现并解决，为参建各方提供可视化的解决方案进行技术交底。

3.模型联动性：对于有设计变更的地方，BIM 团队只需要在 3D 信息化模型中修改其中一处的参数信息，其他参数信息相同的地方都会跟着变动，随之由模型出具的平面图、立面图、三位轴测图都能及时地关联更新，省去了以往设计师需要一张张修改图纸的麻烦。

结语

虽然燃气管道设计阶段只是整个工程设计阶段中很小的一部分，但是由小见大，可以从 BIM 技术在实际工程燃气管道设计阶段的应用中看到，BIM 技术在设计阶段的主要价值体现为：参数化设计可以实现项目全生命周期的数据集成管理，完成数据的集成和传递；在验证方案合理性的同时，向各方参建单位进行可视化交底，能让非设计人员"看懂"设计方案，降低各方单位的沟通成本；模型联动性可以提高出图的效率和准确性，从而加速项目推进。

总之，将 BIM 技术融入项目设计阶段的管理工作中，能够实现提前消除安全隐患、实现空间预感、辅助方案决策、数据信息共享、加快项目进程的目标。当然，BIM 技术在整个设计阶段的价值不止于此，还有更多的价值可以被挖掘。

参考文献

[1] 曾海静 . 浅谈住宅楼室内外燃气管道的设计与施工 [J]. 中国科技信息，2005（12）：205-205.
[2] 李岩 . 浅析住宅室内的燃气管道工程设计与施工的问题与对策 [J]. 中国石油和化工标准与质量，2017，37（006）：66-67.
[3] 陈建林，张文洁 . 燃气建设项目设计阶段的造价控制探讨 [J]. 城市燃气，2011（7）：41-44.
[4] 俞英娜 . 试论 BIM 技术在住宅建筑设计中的应用 [J]. 建筑设计管理，2016（8）：58-61.
[5] 曾朝斌 .BIM 技术在房建工程施工中的应用 [J]. 西北水电，2018，170（03）：99-102.
[6]《城镇燃气室内工程施工与质量验收规范》CJJ 94-2009.
[7]《家用燃气燃烧器具安装及验收规程》CJJ 12-2013.

浅谈天保湾大桥中承式钢桁架拱桥的施工控制重点

张彬　邹瑞　晏逸

四川省兴旺建设工程项目管理有限公司

一、项目概况

天保湾大桥项目全长 880m，其中桥梁长 589m，主桥为跨径 230m 的钢桁架拱桥，主桥桥面宽度 43.5m。

（一）主梁采用正交异性桥面板钢梁，材质采用 Q345D，钢梁共划分为主纵梁段、桥面段、翼缘段、端横梁段，由工厂进行单元件预制，现场搭设支架平台进行吊装，采取全熔透焊接等工艺焊成整体。

（二）拱脚连接铰采用耐蚀合金铸钢 ZG310-570，铰支座设计为竖向承载力 55000kN，锚固水平承载力为竖向承载力的 45%，横桥向承载力 2000kN，设计摩擦系数 0.05，设计横桥向位移 ±10mm，铰支由连接座、上摇、下摇、滑动套、预埋板、端面板、套筒、锚杆组成，其中滑动套采用新材料高力黄铜润滑材料。

（三）桥梁桁架拱采用矩形箱型截面，钢材采用 Q345D，顶、底板采用 34mm 钢板，腹板采用 30mm 钢板，由工厂进行单元件预制，现场搭设支架进行吊装，采取全熔透焊接等工艺。

（四）本桥共设 16 对 32 根吊杆，其中桥头两端为 Φ165mm 规格的刚性吊杆，剩余为 GJ15-37 填充型环氧涂层钢绞线吊杆，整个吊杆共分为拉杆、上下端叉耳、销轴、吊索锚具、调节套管等

5 部分，吊杆初张最大索力为 1910kN，成桥最大索力为 2190kN。

二、施工要点

（一）拱脚连接铰

拱脚连接铰是整个主桥最关键部位之一，安装定位精度要求较高。拱脚预埋件的施工直接影响拱脚的安装精度，因此拱脚预埋件采取二次施工的方式，即先浇筑拱座混凝土（预留出锚杆及预埋板的位置），后灌浆的施工工艺。

拱脚预埋件主要施工流程为：测量定位→支架安装→预埋灌浆管安装→支座混凝土浇筑→预埋件安装→灌浆，预埋灌浆管选用长 2.3m 的 Φ200 钢管（壁厚 6mm），每根灌浆管由 Φ50 钢管（壁厚 3.8mm）连通。灌浆管下端使用钢板焊接封闭，灌浆管连通共设置三排，分别在底部和中部及上部 20cm 处设置。在最底部设计进浆管引出拱座混凝土，最高点设置出浆孔。在拱座斜面预留 10cm 深预埋板安装槽，尺寸与预埋板尺寸一致。安装预埋板之前在预留槽内设置钢筋支架，用于预埋板在拱座斜面上支撑。回填灌浆料选用套筒专用灌浆料，灌浆材料由最底部进浆孔灌入，从最顶部出浆孔流出后即灌浆完成。

（二）钢桁架拱肋

步骤一：预埋拱脚铰座。

步骤二：进行支架安装，支架分配梁顶部调节短管和拱肋接触面与拱肋线性一致。

步骤三：拱肋构件散件吊装，先吊装下弦杆，拱肋分段之间采用临时连接件固定。

步骤四：腹杆的安装，腹杆测量定位，采用临时连接件连接，并用支撑杆加强。

步骤五：上弦杆的安装，同理采用临时连接件与弦杆、腹杆连接。

步骤六：A1 ~ A6 拱肋节段在桥面卧拼，形成上下弦整体分段，受空间影响，采取上下游拱肋先后拼装，先后吊装。

步骤七：同理依次从两边向拱顶合龙。合龙段预留余量，在吊装合龙段前，测量合龙长度，根据实际长度切割余量。合龙段吊装时机选择在清晨，避免温度变化的影响；同时在最短的时间进行定位、测量、调整、焊接。

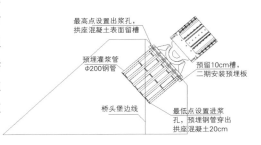

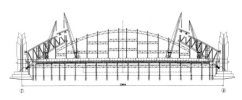

步骤八：安装风撑，从跨两侧向中间安装，安装时机可根据拱肋分段安装进度来跟进。拱肋分段上下游通过风撑连接成整体后才能安装下截段。

步骤九：拱肋支架拆除，安装吊杆并张拉完成体系转换。

控制重点：

1. 拱肋现场安装精度的控制，根据设计图纸提供的基准温度下的理论尺寸，考虑环境条件、施工焊缝收缩和结构受力端的压缩量等影响因素确定拱肋节段的制作尺寸，并按要求进行预拼，吊装前首先由第三方监测单位给出线型指令，根据指令数据进行吊装及临时连接，环缝焊接前由施工、监理、第三方监测单位共同复测，每一施工阶段都作好永久性的记录。记录包括测量记录、日期、时间和环境温度、桥面实际荷载、桥面线形、桥梁轴线以及施工过程的调整情况。测量工作在气温及梁体温度较为恒定的状态下完成，以尽量减少温度变化对测量结果的影响。

2. 焊接控制重点，根据本桥结构设计特点和相关规范要求，选取了 12 种典型焊接形式，按接头分为对接接头、全熔透角接头、部分熔透角接头、贴角焊缝角接头等 4 种接头形式，根据焊接方法及相关参数进行试板的制作，并对其焊接评定进行专家论证，为现场的焊接工作给出指导性文件。

（三）体系转换

吊杆初张时采用 200t 双千斤顶 + 扁担索夹和长丝杆进行张拉，成桥调索采用 YCW200B 千斤顶进行调索张拉。

吊杆安装及张拉：

步骤一：材料及设备的准备工作，起重吊装辅助系统安装。

步骤二：上下端叉耳及销轴的安装。

步骤三：吊杆上端锚头吊装及吊杆下端锚具安装。

步骤四：吊杆张拉施工并锚固。

步骤五：进行吊杆吊索。

控制重点：

吊杆的张拉及监控。由于主梁自重及桥面荷载先通过梁体传给吊杆，再传递给拱肋，最后传到桥墩上，而吊杆的不同施工加载顺序会对吊杆的均匀受力造成一定影响，因此如不对各施工阶段吊杆进行随时调整和现场的实时监控，将会造成局部吊杆杆力增大，弹性变形过大，从而导致梁体变形，直接影响拱肋线型和桥梁的使用。

吊杆内力张拉顺序为：

第一阶段（初张拉索力）：全桥主梁合龙后，根据设计文件和监控指令进行张拉，张拉顺序为 D7、D8 → D6、D9 → D5、D10 → D4、D11 → D3、D12 → D2、D13 → D1、D14 → G1、G2，吊杆张拉时采用 4 点对称同步张拉。

第二阶段（全桥调索）：桥面二期荷载施工完成后，根据设计控制参数及监控指令参数进行最后一次调整吊杆内力和主梁的线型至设计要求值（该阶段只对不符合设计要求的吊杆进行调整，已满足设计要求的不做调整）。

结语

中承式钢桁架拱桥是工程建设广泛使用的结构类型，针对本桥梁做好主梁、拱脚连接铰、全断面焊接型钢桁架拱及体系转换的重点把控，才能保证结构安全、运营安全。

参考文献

[1] 魏民. 板桁组合结构受力分析 [J]. 山西建筑，2014 (36)：33-34.

[2] 罗如登. 高速铁路正交异性整体钢桥面结构形式、受力性能和设计计算方法研究 [D]. 中南大学，2010.

[3] 薛楚渤. 变曲率竖曲线钢一混凝土组合连续梁负弯矩区施工过程仿真分析及控制 [D]. 长沙理工大学，2012.

[4] 张芹. 论桥面板维修加固 [J]. 山西建筑，2016 (42)：156-157.

[5] 布洛肯布洛夫、麦里特. 美国钢结构设计手册（下册）[M]. 上海：同济大学出版社.

吊杆张拉顺序图

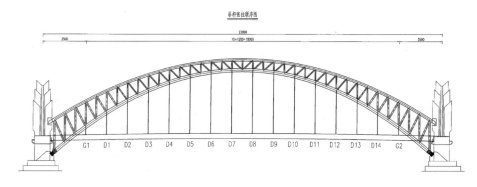

主拱吊杆张拉顺序及内力表

张拉顺序	吊杆编号	初始张拉力（kN）	二期恒载完成（kN）
1	D7、D8	1910	1930
2	D6、D9	1560	1920
3	D5、D10	1510	1910
4	D4、D11	1500	1910
5	D3、D12	1470	1910
6	D2、D13	1400	1910
7	D1、D14	1280	1950
8	G1、G2	/	2190

浅谈戴明循环（PDCA）在地铁施工管理中应用

宋生俊

北京赛瑞斯国际工程咨询有限公司

一、PDCA 循环定义

PDCA 循环，又称戴明循环。它是美国管理学家戴明首先总结出来的一个持续改进模型，它包括持续改进与不断学习的 4 个循环反复的步骤，即计划（plan）、执行（do）、检查（check / study）、处理（act）。PDCA 循环，就是按计划、执行、检查、处理 4 个阶段循环不止地进行全面质量管理的程序。

二、PDCA 循环的运行

PDCA 循环有 4 个阶段 8 个步骤（图1）：P 阶段，即计划管理阶段，有搜集资料、制定目标、找出主要问题、制定计划措施 4 个步骤。计划管理阶段着重说明目的、措施、执行部门、何时执行及何时完成等。D 阶段，即实施阶段，有一个步骤，即按计划下达任务，按要求实施。C 阶段，即检查阶段，有一个步骤，即检查结果，找出成功经验和失败的教训。A 阶段，即处理阶段，有两个步骤，即巩固措施，制定标准，形成规章制度，找出遗留问题，转入下一个循环。一个循环的 4 个阶段 8 个步骤完成，一个循环终了，质量提高一步，遗留问题又开始了下一个循环，循环不止，质量不断提高。4 个阶段中，A 阶段，即处理阶段是关键的一环，如不把成功的经验形成规章并指导下一个循环，质量管理就会中断。全面质量管理要用数据说话，常用的方法是分组统计、排列图法、因果分析图法、相关图法、关系图法等。

PDCA 循环程序是通过不断地发现问题与解决问题，建立常见问题清单与预控措施台账，以此完善实施过程与实施方法，减少不必要的问题出现，以达到最终的算无遗策的效果。

三、工程管理中的应用

（一）项目概述

红莲南里站为地下双层三跨岛式车站，地下一层为站厅层，地下二层为站台层。车站主体采用暗挖（PBA）法施工，车站标准段覆土厚度约为 13m，跨路口段覆土厚度约为 14m。车站范围内土层由上而下主要有：卵石、中粗砂、粉质黏土、卵石、中粗砂、粉土、卵石。

车站初支扣拱部位正处于卵石层，预加固采用超前小导管注浆加固，土方开挖后，当清理两端拱脚预埋连接板时，对周围土体，尤其是拱顶部位土体扰动较大，拱顶土体极易滑落，存在塌方风险。

红莲南里站在初支扣拱施工前期，几次出现不同程度的小面积塌落事件，受到各方的高度重视，为防止出现大面积塌方，造成安全事故，监理部在对该部位施工质量监管过程中，充分运用 PDCA 循环管理程序，在施工单位的密切配合下，以及建设单位、设计单位等参建方的大力支持下，通过不断尝试改进完善，排除了诸多问题，解决了拱顶塌落问题，消除了安全隐患，提升了项目质量管理水平，促进了质量标准化管理进程。

PDCA 循环程序在此施工环节中究竟是如何实施的呢？

首先，要确认 PDCA 循环程序的参与人员，此管理程序的不同运行阶段需要不同的人员参与，尽管对参与人员没

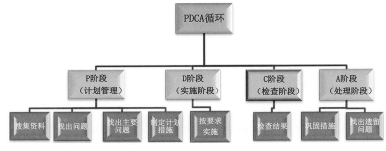

图1　PDCA循环构成图

有明确的条件限制，可以有项目经理、项目总监、甲方代表，也可以有现场经验丰富的班组作业人员，但仍然需要分工明确，责任到人，方可确保PDCA循环程序每个阶段运行得更加顺畅。

（二）P阶段的实施

在P阶段的实施时，首先应制定一个质量管理目标：过程中无塌方，各工序质量验收合格。为此，施工单位与监理机构在该阶段需要完成以下主要工作：

施工单位主要工作包括：相关技术人员参与本工程的设计交底会，领会设计意图，收集类似工程施工经验资料，熟读施工图纸及相关施工技术规范，参加图纸会审，召开项目部内部方案研讨会，编制"红莲南里站暗挖施工专项施工方案"，组织召开专家论证会，并按要求履行审批手续。

监理机构主要工作包括：相关监理人员主动参与本工程的设计交底会，领会设计意图，熟读施工图纸与相关验收规范，参加设计交底与图纸会审，按要求审查施工方案，提出审查意见与建议，参加专家论证会，并依据审批后的专项施工方案编制对应的监理实施细则，进行内部交底。

该阶段关键在于方案编制的科学性、安全性、适用性。

（三）D阶段的实施

D阶段的实施主要是施工单位依据P阶段制定方案中的计划措施，按要求落实的过程。

施工单位主要工作包括：依据方案要求落实施工前准备工作（施工放样、原材料或构配件检测、注浆及喷混设备进场报验、人员安全教育、技术交底、施工前条件核查自查等）、进行初支扣拱作业（超前小导管注浆或深孔注浆、马头门破

除、格栅拼装、背后注浆管预埋、混凝土喷射及养护）及监控量测（地表沉降、管线沉降、拱顶沉降、净空收敛）。

监理机构在该阶段主要工作包括材料进场验收、见证取样、设备及构配件验收、过程巡视。

D阶段实施关键在于落实要到位。

（四）C阶段的实施

C阶段与B阶段间衔接相对比较紧密，B阶段实施完成后，应立即进入C阶段的实施，要确保其及时性。而在C阶段的实施过程中，施工单位应做好自检、三检及报验工作；该环节监理机构起到关键作用，监理机构应指定专业监理人员通过旁站、巡视、见证、平行检验等方式对施工部位的人、机、料、法、环、测进行检查，确认检查结果，而对于暗挖车站初支扣拱施工监理需要重点检查的项目包括：预加固（超前小导管尺寸规格、打设长度与角度、浆液配比调试、注浆量、注浆压力等）、初期支护（格栅拼装、锁脚锚管打设、网片安装、纵向连接筋、喷射混凝土、背后注浆等）、监控量测（地表沉降、周围管线沉降、拱顶沉降、净空收敛等）。

C阶段实施的关键在于检查全面、到位。

（五）A阶段的实施

监理机构通过监理内部日碰头会，汇总现场实施中及检查发现的问题，对其问题进行分类，对于方案中涵盖的常见问题，通过监理巡检单、工作联系单及监理通知等形式督促施工单位进行整改；而当出现新问题时，原因清楚，能制定有效措施的则对方案进行补充即可；原因不详的需组织施工单位相关人员召开专题分析会议，分析存在问题的原因，制定有效的防治措施。

分析问题出现的原因，通常采用因果分析图法，分别从人、机、料、法、环、测等六大方面结合现场情况进行分析，最终找出导致问题出现的主要原因，并制定科学合理的防治措施，至此，完成第一次循环（图2）。

A阶段工作关键在于原因分析与防治措施制定，不仅是对前序工作的总结，也是为下一次循环的开始提了新的要求，依照上述步骤，不断重复PDCA循环，最终达到预期目标。

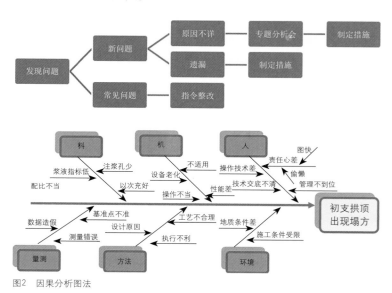

图2 因果分析图法

四、遇到的困难

在 PDCA 循环程序执行前期，遇到诸多困难，经各方的共同努力，最终将困难逐一解决，确保了该程序的顺利实施。

PDCA 循环程序实施过程中出现问题统计如表1、表2所示。

五、取得成果

通过此次将 PDCA 循环程序应用于地铁车站初支暗挖作业质量控制过程中，大大减少了拱顶出现塌方的问题，推进了工程的顺利进展，同时，解决了砂卵石地质情况下，超前小导管打设困难及注浆效果不良的问题。

六、方法推广

该方法可适用于所有工程施工过程中的质量管控，可借此锻炼参与人员的思维能力，提高现场管理人员与技术人员工作积极性，主动发现问题，主动解决问题，通过各部门间密切合作，提高凝聚力，促进质量标准化管理水平的提升。

参考文献

[1] 地下铁道工程施工质量验收标准：GB 50299—2018[S]. 北京：中国建筑工业出版社，2018.
[2] 全国一级建造师执业资格考试用书编写委员会. 建设工程项目管理 [M]. 北京：中国建筑工业出版社，2020.

表1

序号	遇到的困难	所处阶段	解决措施	备注
1	部分参与人员积极性不高	P阶段	思想开导、提高认识、领导施压	需取得各方领导的大力支持
2	方案编制内容不细，操作性差	P阶段	通过方案会审、专家论证完善	会审主要是指施工单位企业审查与监理机构各专业监理工程师集中审查
3	执行力差，与方案中要求有较大差异	D阶段	通过加强巡视、及时指令、召开监理例会等手段督促施工单位加强过程管理，确保执行到位	施工单位质量体系完整且运行正常是前提
4	作业人员技术水平参差不齐	D阶段	技能培训、交底、更换人员等	
5	施工单位自检不到位	C阶段	提高责任心，责任到人，业务培训，增强质量意识，奖罚措施等	
6	监理检查流于形式或眉毛胡子一把抓	C阶段	标准统一，突出重点，通过日碰头会交流沟通	工作需落到实处
7	问题不清、主因不明、应对措施操作性差	A阶段	加强现场管理，分工明确，各部门间要密切合作，奖励机制	要勇于面对困难，不可推卸责任，也不可大包大揽
8	对上个循环中发现的新问题未改进	P阶段、D阶段	责任到人，领导施压，奖罚措施等	

表2

编号	地质环境	出现新问题	原因分析	解决措施	图片	备注
1	砂卵石地层	超前小导管打设困难	遇卵石，小导管硬度不足	使用钎杆钻孔后插入小导管		钎杆外径比小导管外径稍小或相当
2	砂卵石地层	注浆效果差	浆液扩散效果差	改良注浆孔间距，梅花形布设		小导管尾端孔可减少，另外，注意尾部与注浆接口要密封，防止浆液外漏
3	砂卵石地层	预加固后等待时间长	水泥浆强度增长慢	改成水泥水玻璃双液浆	—	配比要现场试配，通常水：水泥：水玻璃为1:1:0.5

高压旋喷桩在筑岛围堰深基坑支护中的应用

李鑫　　王泽潭

北京赛瑞斯国际工程咨询有限公司沈阳分公司

一、工程概况

（一）沈阳市地下综合管廊（南运河段）工程起点位于南运河文体西路桥北侧绿化带，终点位于和睦公园，全长12.6km。沿砂阳路、文艺路、东滨河路、小河沿路和长安路敷设，经过南湖公园、青年公园、万柳塘公园和万泉公园，到达和睦公园。采用盾构和明挖相结合方式，共设置7座盾构井（最大间距2.3km，最小间距1.5km，平均间距2.1km），同时，沿线设置22座工艺井和一座管理中心。

项目部所负责施工段落为D4 ~ D6区间，包括8座节点井和两段盾构区间，具体为D4（J17）、D5（J20）、D6（J25）等3座盾构井，J18、J19、J21、J22、J23、J24共6座工艺井和D4~D5区间、D5~D6区间。节点井主体结构均采用明（盖）挖法施工，围护结构采用钻孔灌注桩＋内支撑形式。

（二）沈阳地区地貌上属于浑河冲洪积扇，地势平坦，市内最高处是东部的大东区，海拔65m，最低处是西部的铁西区，海拔36m，平均海拔约50m，地势由东向西缓慢倾斜。本区间段地面高程介于40.84~49.06m之间。地面高差8.22m。地貌类型为浑河高漫滩及古河道。

本区间位于冲洪积扇中部，沉积的地层颗粒粗，分布连续，局部地段上覆黏性土层。本区间范围内的地下水赋存于圆砾、砾砂等土层中，按埋藏条件划分，属第四系孔隙潜水。稳定水位埋深约为8.30~20.70m，相当于水位标高25.12~38.98m。地下水主要补给来源为运河侧向补给及大气降水垂直入渗补给。

二、高压旋喷桩加固施工参数

（一）D5节点井中心里程YK8+225.004（ZK8+242.010），节点井长51.6m，宽22.6m，结构埋深约18.3m，三层三跨箱型框架结构，盾构始发、接收井。

（二）D5节点井临近南运河或位于南运河水域内，故于基坑外采用双排Φ550@400mm高压旋喷桩截水。

1. 旋喷桩水灰比为0.8~1.2，水泥掺量250kg/m。

2. 止水加固与端头加固重叠部分将端头加固旋喷桩实喷到地面。

（三）施工工艺流程

（四）施工顺序

场地平整→桩位放样→钻机就位→引孔钻进→下喷射管→喷浆材料及制浆→喷射提升→回罐→记录

（五）高压旋喷桩机械原理

高压旋喷法施工是利用钻机把带有特殊喷嘴的注浆管钻进地层的预定位置后，用高压脉冲泵，将水泥浆液通过钻杆下端的喷射装置，向四周以高速水平喷入土体，借助流体的冲击力切削土层，使喷流射程内土体遭受破坏，与此同时钻杆一面以一定的速度旋转，一面低速徐徐提升，使土体与水泥浆充分搅拌混合，胶结硬化后即在地基中形成直径比较均匀，具有一定强度的桩体，从而使地层得到加固。二重管是以两根互不相通的管子，按直径大小在同一轴线上重合套在一起，用于向土体内分别压入气、水、浆液。内管由泥浆泵压送25~30MPa左右的浆液；外管由空压机压送0.8MPa左右的空气。空气喷嘴套在高压水嘴外，在同一圆心上，二重管由回转器、连接管和喷头三部分组成。

三、加固质量控制

（一）加固质量检测

1. 盾构端头土体加固施工过程中，可以定性地通过观测返浆情况，判断桩体连续性和均匀性，通过返浆体的强度推测桩体的强度。

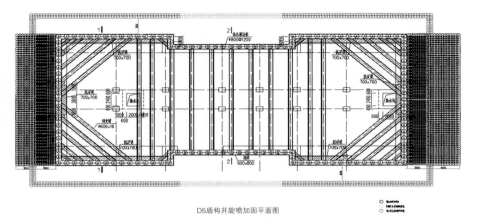

D5盾构井旋喷加固平面图

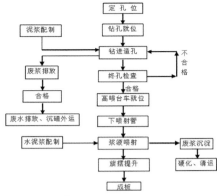

旋喷桩施工工艺流程图

2. 加固完成后 28 天，在隧道中心线及隧道外两侧土体加固范围内对加固土体进行钻芯取样，每个盾构加固端取样 3 根，检测其抗压强度和抗渗性。如检测结果未达到要求，则在基坑开挖前再次取样进行检测。

3. 如基坑开挖前取样检测仍不合格，则考虑竖向高压注浆措施，进行土体加固补强。

（二）特殊情况处理措施

1. 有异常时，如遇无法达到设计深度进行施工时，应及时上报甲方、监理，经各方研究后，采取补救措施。

2. 在碰到地面沟或地下管线无法按设计走向施工时，宜与设计单位、业主、监理共同协商，确定解决办法。

3. 施工过程中，如遇到停电或特殊情况造成停机导致成墙工艺中断时，均应将搅拌机下降至停浆点以下 0.5m 处，待恢复供浆时再喷浆钻搅，以防止出现不合格桩体；如因故停机时间较长，宜先拆卸输浆管路，妥为清洗，以防止浆液硬结堵管。

4. 发现管道堵塞，应立即停泵处理。待处理结束后立即把搅拌钻具上提和下沉 1.0m 后方能继续注浆，等10~20s 恢复向上提升搅拌，以防断桩。

（三）质量保证措施

1. 放注浆管前，先在地表进行射水试验，待气、浆压正常后，才能下注浆管施工。

2. 高喷施工时隔两孔施工，防止相邻高喷孔施工时串浆。相邻的旋喷桩施工间隔不少于 48h。

3. 采用 P.O 42.5 普通硅酸盐水泥作加固材料，每批水泥进场必须出具合格证明，并按每批次现场抽样外检，合格后才能投入使用。施工中所有计量工具均应进行鉴定，水泥进场后，应垫高水泥台，覆防雨彩布，防止水泥受潮结块。旋喷桩每延米水泥含量大于 250kg，旋喷桩必须满足《建筑地基处理技术规范》 JGJ 79—2012，旋喷桩用水满足《混凝土用水标准》 JGJ 63—2006 要求，水灰比为 0.8~1.2。

4. 浆液水灰比、浆液比重、每米桩体掺入水泥重量等参数均以现场试桩情况为准。施工现场配备比重计，每天量测浆液比重，严格控制水泥用量。运灰小车及搅拌桶均作明显标记，以确保浆液配比的正确性。灰浆搅拌应均匀，并进行过滤。喷浆过程中浆液应连续搅动，防止水泥沉淀。

5. 施工前进行成桩试验，由设计、

业主、监理、施工单位共同确定旋喷桩施工参数，保证成桩直径不小于设计桩径。

6. 严格控制喷浆提升速度。喷浆过程应连续均匀，若喷浆过程中出现压力骤然上升或下降，大量冒浆、串浆等异常情况时，应及时提钻出地表，排除故障后，复喷接桩时应加深 0.3m 重复喷射接桩，防止出现断桩。

7. 高喷孔喷射成桩结束后，应采用含水泥浆较多的孔口返浆回灌，防止因浆液凝固后体积收缩，桩顶面下降，以保证桩顶标高满足设计要求。

8. 因地下孔隙等原因造成返浆不正常、漏浆时，应停止提升，用水泥浆灌注，直至返浆正常后才能提升。

9. 引孔、钻孔施工时应及时调整桩机水平，防止因机械振动或地面湿陷造成钻孔垂直度偏差过大。为保证顺利安放注浆管，引孔直径采用 Φ150mm 成孔。穿过砂层时，采用浓泥浆护壁成孔，必要时可下套管护壁，以防垮孔。

10. 实行施工员随班作业制，施工员必须时刻注意检查浆液初凝时间，注浆流量、风量、压力、旋转提升速度等参数是否满足设计要求，及时发现和处理施工中的质量隐患。当出现实际孔位孔深和每个钻孔内的地下障碍物、洞穴、涌水、漏水及与工程地质报告不符等情况时,应详细记录,认真如实填写施工报表,客观反映施工实际情况。

11. 根据地质条件的变化情况及时调整施工工艺参数,以确保桩的施工质量。调整参数前应及时向业主、监理、设计部门报告,经同意后再调整。

12. 配备备用发电机组。进入旋喷作业应连续施工,若施工过程中停电时间过长,则启用备用发电机,保证施工正常进行。

13. 施工现场配备常用机械设备配件,保证机械设备发生故障时,能够及时抢修。

四、安全保证措施

(一)筑岛围堰施工时邀请相关专家和岩土人员到现场检查指导工作,保证施工期间安全。

(二)筑岛围堰施工期间派专职安全工程师若干名,负责日常安全管理工作。

(三)筑岛围堰涉及其他安全要求的,到相关部门办理相关手续,并遵照执行。

(四)旋喷桩施工中,制定合理的作业程序和机械车辆行走路线,现场设专人指挥、调度,并设立明显标志,防止各专业相互干扰碰撞,机械作业要留有安全距离,确保协调、安全施工。

(五)设备进场必须办好进场验收手续,严禁未经验收合格的设备投入运行。

(六)设备用电必须有专用开关箱,并实行"一机一闸一漏一箱"的安全用电措施。

(七)特种作业人员必须持省级建设行政主管部门核发的特种作业人员资格证上岗。

五、环境保护措施

(一)环境保护目标

1. 抓好现场施工环境建设,严格实行噪声、建筑垃圾综合治理。做到施工不扰民,不破坏生态环境,保证施工现场的治安管理,使施工环境整洁、紧张有序。

2. 环保目标:采取有效措施,控制现场的各种粉尘、废水、废气、固体废弃物、振动等对环境的污染和危害。确保施工期间不扰民,不影响城市道路和环境卫生。

(二)环境保护组织管理

在项目经理部建立环境保护体系,明确体系中各岗位的职责和权限,建立并保持一套工作程序,对所有参与体系工作的人员进行相应的培训。

(三)环境保护措施

1. 围绕环境保护目标,健全管理体制,明确责任,对项目的实施管理、核算、质量、进度全面负责制。

2. 制定环保技术措施,并认真执行。将环保工作执行情况作为项目经理部的重要考核内容。

3. 加强全体人员重科学管理、重质量、重文明施工的责任意识,使工程能够保质、按期、安全顺利地完成。

4. 施工中的建筑垃圾,机械油污生活污水、垃圾等应事先合理规划排放处理地点,不得污染当地水源与环境。

5. 料场配备防尘设备,做到定时洒水降尘,为该场所工作人员配备必要的劳保防护用品。

6. 使用机械设备要尽量减少噪声、废气等污染;建筑场地噪声符合《建筑施工场界环境噪声排放标准》GB 12523—2011 规定。

结语

(一)本工程 D5 节点井整个设计位置在河床上,筑岛围堰后三面临河。经实践合理施工顺序为:①筑岛围堰;②临河面毛石砌筑;③支护排桩施工;④高压旋喷桩施工;⑤降水井及排水管施工;⑥降水及土方开挖;⑦侧壁挂网喷护;⑧钢管支撑。

(二)在基坑土方开挖之前,进行详细的施工准备工作,在开挖施工过程中采取机械开挖为主、人工配合为辅配合进行,加强支护排桩桩顶位移与变形监测。开挖施工中,尽管有高压旋喷桩的封水,但依然存在一定的渗水。根据工程地质基坑四周深井井点降水法,使基坑开挖和施工达到无水状态,并浇筑 100mm 厚封底素混凝土以保证施工顺利进行。

(三)通过实践,"支护排桩+钢管支撑及高压旋喷桩止水帷幕"组合支护止水方式的应用,有效解决了高风险下筑岛围堰超深基坑施工的难题,可在同类型地下工程和其他建筑物深基坑工程施工中进一步使用和总结推广。

参考文献

[1] 冯博慧 . 浅谈深基坑支护结构的类型及选型 [J]. 山东教材, 2006 (4):61-62.

[2] 原孔雀 . 浅谈深基坑支护的结构类型与设计 [J]. 山西建筑, 2006 (16):73-74.

[3] 彭茂军, 陈名 . 高压旋喷桩在止水帷幕工程中的应用 [J]. 科技创新导报, 2009 (04):45-46.

浅谈如何提高混凝土外观质量

张迎春

山西铁建工程监理咨询有限责任公司

随着人们的生活环境的不断改善，对建筑工程混凝土的外观质量要求也不断提高，许多建设项目将混凝土外观质量作为优质工程建设的一个重要指标。目前公司监理的新建太焦铁路一标段的晋中特大桥，全长30.41km，共计924个墩台，混凝土方量为$9.15×10^5m^3$，混凝土使用方量大，墩台多，提高混凝土的外观质量更显重要。下面笔者结合晋中特大桥监理工作特点，浅谈如何提高混凝土外观质量。

一、混凝土外观质量缺陷及形成原因

（一）表面砂线、起砂、砂斑

砂线、砂斑的产生主要是混凝土泌水造成的，混凝土泌水后，表层砂浆过多，水带走水泥浆，只剩下砂，形成泌水通道，产生砂线，就像虫子爬过一样。混凝土表面局部缺浆粗糙，出现起砂、砂斑现象。

原因分析：①由于混凝土模板间的接缝不严密，混凝土振捣后水泥浆从缝隙漏出，致使墩身的混凝土表面因缺少水泥浆而形成砂线。②由于使用不合格的脱模剂，拆模时墩身表面的水泥浆会附在模板上，出现黏膜现象，形成砂线、砂斑。③由于混凝土振捣过度，施工过程中，施工人员反复振捣混凝土，致使混凝土振捣过度，产生离析现象。离析较重的，骨料分离，显露砂石或出现水波纹状的云斑或鳞状色斑；轻的出现泌水、砂斑、砂线。

（二）混凝土涨模、错台

结构混凝土的施工，能否达到工程整体美观的要求，首先取决于模板质量的控制。混凝土的平整度、光洁度、色差度都与模板质量直接相关。混凝土在模板未加固到位的情况下施工，混凝土的压力把模板挤压变形，导致混凝土表面平整度较差，形成涨模；错台是混凝土在模板板缝位置出现高低差。

原因分析：模板支撑加固不到位、模板拼接缝不严密、模板强度刚度不足、安装不规范等。

（三）缝隙夹层

由于施工缝混凝土结合处处理不好，有缝隙或夹物夹层。

原因分析：①在浇筑混凝土前没有认真处理施工缝表面，浇筑时振捣不够。②在分层分段施工时没认真检查清理，再次浇筑时混入混凝土，在施工缝处造成夹物夹层。

（四）气泡

混凝土本身为多孔性结构，混凝土在浇筑过程中要振捣，有水分的析出及气体的上浮，混凝土凝固过程中析出的水分和气泡就成了影响外观的水气泡。水泡形成的孔呈椭圆形，气泡形成的多为不规则形。

原因分析：①混凝土拌合物水灰比大。水灰比偏大时，水泥用量少，会导致水泥浆浆体无法充分填充骨料件的空隙，由于水化反应耗费用水较少，自由水相对较多，从而让气泡形成的概率增大。②混凝土坍落度过大或过小，振捣时都难以将水分气泡排出而产生较多水泡气孔。③振捣时间不够或漏振、欠振以致水泡气泡无法排出。④施工工艺不合理，振捣程序不对，以致将气泡赶向模板，排气效果差。⑤外加剂的类型及掺量，目前所使用的外加剂都有一定的引气效果，不同类型和掺量都会影响气泡的数量和大小，而且外加剂掺量越大影响越明显。⑥混凝土的骨料级配不合理，粗粒料偏多，针片状含量过大，级配不合适，以致细粒料不足以填充粗粒料空隙，导致粒料不密实，形成自由空隙。⑦搅拌时间不合理，搅拌时间短会导致搅拌不均匀，使气泡产生的密集程度不同。但搅拌时间过长又会使混凝土中引入更多的气泡。

（五）色差

混凝土的颜色主要是水泥颜色形成的。混凝土色差是指在混凝土表面形成的分块或分层，颜色深浅不同影响视觉美感的现象。

原因分析：①模板材质不同或水泥等原材料差异。②配合比差异或外加剂的使用。③脱模剂污染、模板锈斑污染④同一单位工程养护条件不完全一致。

（六）蜂窝、麻面

蜂窝的现象为混凝土结构局部出现酥散、砂浆少、石子多，石子之间形成蜂窝状孔洞。

原因分析：①混凝土配合比不当或砂、石子、水泥材料加水量计量不准，造成砂浆少、石子多。②混凝土搅拌时间不够，未拌合均匀，和易性差，振捣不密实。③下料不当或下料过高，未设串筒，使石子集中，造成石子砂浆离析。④混凝土未分层下料，振捣不实，或漏振，或振捣时间不够。⑤模板缝隙未堵严，水泥浆流失。⑥钢筋较密，或使用的粗集料粒径过大或坍落度过小。

麻面是混凝土局部表面出现缺浆和许多小凹坑、麻点，形成粗糙面，但无钢筋外露现象。

原因分析：①模板表面粗糙或清理不干净，黏有干硬水泥砂浆等杂物，拆模时混凝土表面被黏损。②钢模板脱模剂涂刷不均匀，拆模时混凝土表面黏结模板。③模板接缝拼装不严密，灌注混凝土时缝隙漏浆。④混凝土振捣不密实，混凝土中的气泡未排出，一部分气泡停留在模板表面。⑤混凝土振捣时间过长，造成混凝土离析而使碎石集中，砂浆过少包裹不住碎石。⑥搅拌时间过短，混凝土和易性不好，以致水泥浆填不满骨料之间的空隙。

二、影响混凝土外观质量的因素

从以上混凝土外观质量缺陷形成原因的分析中可以看出，无论混凝土外观质量如何有缺陷，影响混凝土结构物外观的因素主要有施工人员的因素、机械设备的因素、各种材料的因素、施工工艺的因素、施工环境的因素，即"人、机、料、法、环"五大因素。下面一一简述。

（一）人为因素

在混凝土施工中，所有的工作都是由人来组织操作完成的，人为因素至关重要。不同的施工操作人员有不同的技能水平，技术技能的差异将影响工程施工质量，熟练有经验的经过培训的操作人员，施工完成的产品质量会更好，缺乏一定经验和培训不合格的人员所制造的产品质量就会差些。所以在混凝土施工中要控制混凝土施工质量，必须对操作人员的技能素质进行必要的培训，进行安全质量技术交底，让操作者掌握施工操作规程，掌握质量控制方法，及质量验收标准和要求，做到不漏振、不过振，振捣半径要小，插入的深度要够，振捣的时间要够。这样才能提高混凝土的质量。

（二）机械因素

施工机械的性能、工艺参数、运行状况都将影响混凝土的施工质量，所以要控制好混凝土施工质量，必须选择工艺参数及性能能满足混凝土施工质量要求的施工机具，并且运行良好。同时，拌合站生产混凝土时保证混凝土供料的及时性，以及罐车的运输安全性和稳定性，这些都对混凝土的施工质量有很大影响。在混凝土浇筑过程中，如果下料高度太高，不使用串筒和滑槽，混凝土将会产生离析现象。

（三）原材料的因素

混凝土是由水泥、骨料、水、矿物掺合料、外加剂等材料组成。原材料的质量和选择是保证混凝土施工质量的重要环节，对混凝土的质量和施工工艺有较大影响，所以必须对混凝土原材料进行有效控制。

1. 水泥：水泥质量决定着混凝土的品质，用不同种类水泥拌制的混凝土，其性能品质也有较大差异，施工中应严格按照设计图纸要求和施工环境条件选用适宜的水泥品种和标号，按照相关标准检验合格后方可使用。

2. 骨料：骨料的选定应严格按照技术规范的要求进行控制，细骨料应选用级配合理、质地坚固、吸水率低、孔隙率小的洁净天然河沙或母材检验合格、经专门机组生产的机制砂，不应使用海砂。粗骨料应选用粒形良好、级配合理、质地坚固、吸水率低、线膨胀系数小的洁净碎石，无抗拉、抗疲劳要求的C40以下混凝土也可采用符合要求的卵石。材料进场后，应按照相关验收标准进行试验，并注意防止骨料的二次污染。

3. 拌合用水：拌合用水可采用饮用水，也可选择不含有害物质的天然水和自来水，严禁使用污水、工业废水，并应该进行水质性能检验，合格后方可使用。

4. 外加剂：减水剂宜选用高效减水剂或高性能减水剂，速凝剂宜选用低碱或无碱速凝剂，外加剂应选用能明显改善混凝土性能且品质稳定的产品。外加剂与水泥及矿物掺合料之间应有良好的相容性，其品种和掺量应经试验确定。

5. 矿物掺合料：应选用能改善混凝土性能且品质稳定的产品，经检验合格后方可使用。

（四）施工工艺方法的因素

1. 混凝土配合比的控制：实验室所确定的混凝土理论配合比，其骨料是在饱和面干状态，但是在实际施工过程中，粗细骨料的含水率会因环境条件的不同有所变化，为保证混凝土和易性符合要求，需要根据骨料的含水率对混凝土用水量作出调整，以保证混凝土符合设计要求。

2. 混凝土坍落度的控制：施工过程中混凝土坍落度应严格按照规定的指标进行控制，严禁在搅拌过程、运输过程及浇筑过程中随意增加用水量。若坍落度不满足要求，可在水胶比不变的情况下对外加剂用量、粗骨料分级比例、砂率进行适当调整。

3. 混凝土运输过程中的质量控制：在混凝土运输过程中，要防止混凝土离析、砂浆流失、泌水和流动性减少等情况，混凝土运输要尽可能缩短时间，应保证在混凝土初凝前浇筑完毕，不得在混凝土罐车内随意加水。

4. 混凝土模板的质量控制：模板的大小、组合方式、新旧程度、强度、表面光洁程度等，都直接影响到混凝土的外观。模板过旧、表面粗糙、强度不足，都可能影响混凝土外观质量，造成错台、砂线、蜂窝、麻面等现象。要使用合格的隔离剂，以免出现色差、麻面等现象。

5. 混凝土浇筑振捣质量控制：应控制混凝土浇筑时的倾落高度，以免混凝土产生离析。保证混凝土的浇筑层厚和浇筑方向，必须分层浇筑。振捣过程是混凝土施工质量控制的主要环节，混凝土振捣应快插慢拔，防止混凝土实体出现漏振、过振等情况。混凝土浇筑应持续进行，如必须间歇时，应在前一层混凝土凝结前将次层混凝土浇筑完毕。

（五）混凝土施工环境的因素

夏季混凝土施工前，应采取措施保证混凝土的入模温度不超过30℃。为防止混凝土外部裂缝的出现，施工时尽量避开高温时段，同时白天温度较高时采用不间断洒水养护。冬季混凝土施工，应保证混凝土的入模温度不低于5℃，并且采取有效的养护措施，保证混凝土不受冻。混凝土浇筑完成后，根据气温环境情况，应采用相应的养护方法，以保证混凝土质量满足设计要求。

结语

晋中特大桥混凝土工程现在已经完成2/3工作量，在混凝土施工过程中，施工单位和监理单位重视对混凝土外观质量的控制，加强对人为因素、机械因素、材料因素、施工方法、环境因素等五个环节的监督和检查，使混凝土表面平整、光洁、色泽自然、颜色均匀一致，切实保证混凝土的外观质量。

参考文献

[1] 混凝土质量控制标准：GB 50164—2011[S]. 北京：中国建筑工业出版社，2012.
[2] 铁路混凝土工程施工质量验收标准：TB 10424—2018[S]. 北京：中国铁道出版社，2019.

盾构下穿京广铁路框架桥技术及管理总结

王创

北京赛瑞斯国际工程咨询有限公司

一、工程概况

（一）工程简介

长沙市轨道交通3号线烈士公园东站至丝茅冲站区间沿车站北路布置，采用盾构法施工，其右线设计起迄里程为YDK25+209.218 ~ YDK26+736.076，全长1525.606m，左线设计起迄里程为ZDK25+209.218 ~ ZDK26+736.076，全长1525.969m。盾构区间在Y（Z）DK26+110附近下部斜穿既有京广铁路框架桥。该框架桥位于京广线K1564+959.4处，距轨道交通3号线丝茅冲站约626m，该段隧道东侧为浏阳河，西侧为跃进湖，桥东北侧为车站北路与浏阳河大道交汇位置，框架桥北侧2号联络通道（拟定开仓换刀位置）。

该段区间以28‰的坡率从丝茅冲站向烈士公园站掘进，区间隧道与框架桥斜交约45°，下穿段长度约35m，地铁两线间距约13m；隧道顶距框架桥约14.5~15.8m（图1），框架桥顶面至京广铁路轨顶最大距离为1.53m。

京广铁路为重要的交通干线，平均每3分钟就有一列火车通过，正常行车速度135km/h；车站北路为长沙市城区南北方向主干道，是机场到湖南省委的必经之路；浏阳河以其逶迤秀美闻名于世，其防洪大堤是保护长沙市的重要防洪工程，是长沙市的生命线；跃进湖原为浏阳河的一段弯曲的天然河道，1958年为改建京广线将河道两端填平，使其成为内湖，形成条件特殊。

（二）水文地质

区间隧道下穿京广铁路框架桥段，隧道主要位于中风化板岩层，隧道拱顶以上主要为强风化板岩、卵石、细砂以及填土层，上覆土层约16.5m，强风化层比较破碎，隧道拱顶距卵石层最短距离仅为0.5~2.0m。整体地质条件对隧道施工有不利影响（图2）。

该场地处于浏阳河冲积阶地上，水文地质条件中等－复杂，地表水丰富，主要为浏阳河河水、跃进湖湖水等，地下水类型分为填土中的上层滞水、第四系砂卵石层中的孔隙水及基岩裂隙水。孔隙水赋存于砂、圆砾、卵石层中，具承压性，水量丰富，与浏阳河河水及跃进湖相互补给，即有很强的水力联系。

（三）框架桥

根据收集资料，框架桥为预制钢筋混凝土框架，采用顶进施工工艺拼装而成。桥一共分3个箱涵，两侧非机动车道各1个箱涵，中间2个机动车道合1

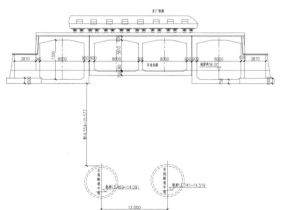

图1　区间与京广铁路框架桥相对位置关系示意图

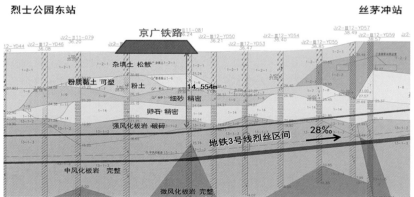

图2　盾构下穿京广铁路框架桥地质剖面图

个箱涵，每个箱涵又分3块，共9块，每块箱涵长度约10m，每个钢筋混凝土箱涵净重约1500t（图3）。

框架桥为碎石换填基础，下部无桩基，桥基下存在约10m厚的填土，仅入口基础落在砂层及黏土层上，为天然基础。

框架桥与隧道约45°斜交，下穿段宽度约35m（折合管片约24环，考虑盾构机本身长度及影响，实际按28环计算）。

（四）涉铁调查

京广铁路为设计时速160km/h的国家一级干线，该段铁路基础为填土路堤，采用碎石道床。框架桥上为京广铁路上下行线以及从下行线出岔的岔道，该段为有砟轨道，列车经由该道岔进入长沙火车站和长沙货运站。该道岔转辙器设于框架桥正上方，辙叉长17.392m，采用AT弹性可弯式尖轨，尖轨长度15.680m，道岔全长60.000m，采用电气集中联锁，岔枕为混凝土枕。

框架桥上方设置有一对接触网立柱，立柱采用钢结构形式，其基础与框架桥结构为一个整体。框架桥处为三组接触网并挂区，接触线通过吊弦悬挂在承力索上，承力索悬挂于支柱的支持装置上（图4）。

（五）市政管线

该处市政线网密集，线路条件较为复杂，包括沿车站北路、浏阳河大道布置的各类管线及京广铁路雨水收集管道，已探明的有国防光缆、电信、电力、市政路灯、给水、雨水及天然气管道等，其中天然气为DN300中压管道，污水包括一根DN500带压强排管道。

二、设计要求及施工重难点

（一）设计要求

1. 盾构隧道下穿铁路段采用每环宽1.5m的加强配筋型管片。

2. 采用袖阀钢管注浆加固的方式对框架桥段地层及两侧的铁路路基进行加固处理。

3. 为保证铁路运营和盾构下穿施工安全，在该框架桥段进行限速。

4. 建立系统、完善的监测网，实施信息化施工，对施工进行变形监测及时反馈信息并采取措施。根据土层深层沉降变形监测，采用合理的掘进参数进行盾构施工。

5. 盾构下穿前50环设置为试验段，总结最佳掘进参数。

6. 做好盾构通过过程中的同步注

浆，盾构通过后的二次深孔（3.5m，每环三处）注浆处理。

7. 根据《铁路线路维修规则》（铁运〔2006〕146号），下穿京广铁路框架桥沉降值不得超过10mm；对于钢轨及道岔的变形限值不得超过5mm。

（二）工程重难点分析

1. 社会影响重大。盾构穿越京广铁路桥为长沙轨道3号线两个特级风险之一，也是3号线的控制性重点工程。加之该区域位置极其特殊，社会关注度高，如有不慎则将造成重大的社会影响。

2. 手续办理烦琐。列车必须经由该道岔进入长沙火车站或长沙货运站，该段是京广线长沙段的重要节点，且铁路上方有一对接触网，盾构下穿时列车时速需从135km/h下调为45km/h以内，必须在铁路维修"天窗期"。与铁路有关包括签订安全及配合协议、办理既有线施工许可证、慢行计划等，与市政有关的包括占道施工许可证、道路挖掘证等，因此手续办理牵涉部门多、程序环节严，协调工作艰巨。

图3　京广铁路与框架桥现状图

图4　京广铁路现状图

3. 周边环境复杂。该区间隧道位于车站北路主干道正下方，北侧为浏阳河大道汇集，道路相对狭窄，但人员、车量密集；同时又临近浏阳河和跃进湖，可疏散条件有限，周边环境复杂。

4. 地质条件多变。区间左线隧道下穿京广铁路框架桥段，隧道主要位于中、强风化板岩层，隧道拱顶以上主要为卵石、细砂以及填土层，上覆土层约16.5m，但隧道拱顶距卵石层最短距离仅为0.5~1.5m，填土层厚度不均；另外，该区域卵石地层含水量丰富且与浏阳河、跃进湖连通互补，施工过程水的影响较大。

5. 监测控制严格。为保证京广铁路运行正常，京广框架桥及其轨面沉降值需分别控制在10mm和5mm以内。监测单位除施工监测、第三方监测外，还有铁道部门委托的专门监测。

6. 内部协调量大。由于盾构始发场地四方坪站场地限制，现场只能储存10环管片和20环渣土的容量，而盾构下穿期间不允许停机且保证一定的进度，因此需要保证管片及其他耗材能持续供应和渣土持续外运，同时需要保证盾构设备及配套设备正常运转。因此这需要做好内部协调，紧密衔接，来保证各个环节环环相扣。

三、施工主要控制要点

（一）施工总体工作安排

盾构下穿既有线施工从开始到结束分为三个阶段，即前期准备、下穿实施、评估总结，每个阶段有不同的工作内容和重点，各阶段主要工作内容如图5所示。

（二）既有线手续的办理

相关手续办理中，最关键的是既有线手续的办理，这里指的是与京广铁路相关部门（广铁）手续的办理，主要包括环节如图6所示。

需要说明的是，过铁设计方案、施工方案及监测方案需要铁路多部门参与评审并取得其同意（图7）。

另外一方面，取得相关手续的时间耗费较长；由于左、右线盾构下穿铁路桥有一定的时间间隔，铁路的慢行计划需要分2次办理，每次需要提前一个月申请（图8）。

（三）试验段掘进及总结

根据设计要求，盾构下穿框架桥前50m应设置掘进试验段（图9），收集盾构在砂卵石、强－中风化板岩地层的各种施工参数，总结出适应的最优盾构掘进参数，确保盾构施工安全、快速、均匀掘进，同时在该地段尽量不进行纠偏。试验段主要就土压力、推进速度、出土量、注浆量和注浆压力等进行设定，并结合地面沉降关系进行分析，具体数据及实施对比见第四节。

（四）下穿施工计划编制

下穿施工计划需要根据铁路慢行限速批复时间（既有线施工月计划需提前一个月上报）、盾构日常掘进平均速度和施工技术等因素进行编制，如不能在当月满足下穿条件，则将推迟到下月进行；而如不能在规定时间完成掘进，将带来巨大的影响，因此必须精确每一天、每一时间段，同时需要做好各类物资供应计划

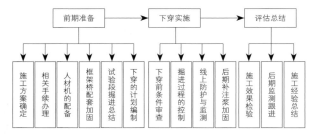

图5 各阶段主要工作流程图

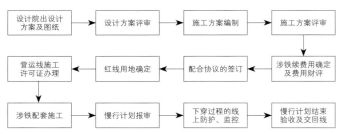

图6 既有线手续办理流程图

图7 既有线施工方案审批表

图8 既有线施工许可及慢行计划批复

安排。下面以左线为例进行说明（表1）。

（五）其他方面前期准备

这里包括其他相关方案的编审、框架桥注浆加固检验效果、盾构机及配套设备维保、人员分工及交底、材料供应、应急准备等，在此不再论述。

（六）下穿之前条件审查

根据《危险性较大的分部分项工程安全管理规定》（住房城乡建设部令第37号）等文件及湖南省、长沙市相关要求，盾构下穿京广铁路框架桥属于危大工程，除了管理规定所要求内容外，还需要召开关键节点验收会议（监理组织，审核内容如表2），办理下穿前条件审查手续等。

（七）下穿实施过程控制

1. 建立联动机制。现场建立了监理、施工、建设、监测等相关参建方联动机制进行信息化办公，根据盾构下穿计划进行了值班安排，分为白、晚班，在三个区域（盾构调度室、铁路框架桥下路面、铁路框架桥线上）进行定点巡查。在指定微信工作群中定时反馈相关盾构掘进、注浆、监测、巡查等信息，同时重点说明物资供应、现场协调等事项。

2. 进行精细化管理。这里以监理单位牵头，重点跟进施工过程是否按既定的掘进和注浆参数进行控制，如出渣量

或压力等有异常是否及时反馈并结合实际情况进行微调。要求对每一环各类参数做好记录并实时上传，留下准确资料。

对掘进过程中盾构的位置，通过图片在微信群中实时反馈，并安排专人定时巡视地表及桥体情况。

对已拼装完成的管片，通过拼装孔进行壁后二次补充注浆，及时将同步注浆未到位的间隙进行填充，确保间隙不反应至地面框架桥，尽可能减小除盾构机刀盘扰动引起的沉降（图10）。

此外，对已拼装完成的管片螺栓及时进行复拧，确保管片与管片之间的连接可靠，隧道整体受力均匀，并减小因推力过大、管片上浮等原因引起的管片

错台、破损（图11）。

3. 线上安全管控。按照广铁要求和审批的专项方案，盾构下穿京广铁路框架桥时需对铁路上、下行列车进行限速，速度为45km/h，并安排专业人员进行慢行防护、线路检查和驻站联络，施工单位先前已安排人员进行培训，并取得广铁集团管外单位营业线施工安全员、联络员、防护员资格证。在盾构下穿期间，安排人员24小时进行线上安全管控，并与铁路部门有关现场不定期巡视人员进行工作对接。工作人员每次上线前，需要由施工单位现场值班人员向现场值班监理报备。

4. 实时进行监测。为保证京广铁路

左线施工计划表　　　　　　表1

序号	日期	工作任务
1	2018年8月8日	1.取得慢行限速批复；2.完成盾构下穿铁路条件验收会；3.左线盾构掘进3环，累计掘进至378环
2	2018年8月9日	1.盾构掘进4环，累计掘进至382环
3	2018年8月10日	1.盾构开始正式下穿铁路框架桥，线上、线下人员按照方案进行施工；2.左线盾构掘进8环，累计掘进至390环
4	2018年8月11日	1.盾构掘进8环，累计掘进至398环；2.二次注浆382~390环
5	2018年8月12日	1.盾构掘进8环，累计掘进至406环；2.二次注浆391~398环
6	2018年8月13日	1.盾构掘进8环，累计掘进至414环；2.二次注浆399~406环
7	2018年8月14日	1.盾构掘进8环，累计掘进至422环；2.二次注浆407~414环；3.盾构机刀盘完成下穿铁路
8	2018年8月15日	1.盾构掘进8环，累计掘进至430环；2.二次注浆415~422环；3.盾构机盾体全部完成下穿铁路，完成线上验收；解除限速
9	2018年8月16日	1.盾构继续掘进；2.二次注浆跟进；3.监测至铁路框架桥完全稳定

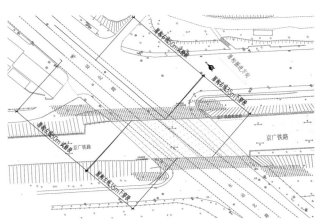

图9　试验段平面图

图10　二次补充注浆

图11　管片螺栓复拧

下穿京广铁路框架桥条件监理核查表 表2

序号	核查条件	内容	核查要点	核查结果
1	主控条件	设计文件	设计文件满足现场施工要求	满足要求
2		施工方案	安全专项施工方案编审（包括应急预案）、审批齐全有效	审批齐全有效（包括铁路部门审批）
3		地质条件	地勘报告齐全，地质条件勘探清楚，补勘和一定范围的超前地质预报已完成，后续地质预报方案已明确，溶洞、熔岩、断裂带等不良地质已按要求处理	地勘报告齐全
4		审批手续	产权单位及相关部门审批手续齐全	手续基本齐全（运营线施工许可证、京广铁路框架桥慢行实施计划已审批）
5		盾构设备检修	盾构机及配套系统已全面检修，状态良好	状态良好
6		盾构机参数	盾构机姿态、掘进推力、扭矩在穿越前进行检查、复核及调整	完成；已通过试验段掘进总结
7		浆液制作	浆液制作设施状态良好，浆量满足日最大进度计划要求（应有计算书）	状态良好、满足要求
8		周边环境保护	周边建（构）筑物及管线已核查清楚，针对性保护措施已按设计文件、施工方案及产权单位要求落实到位	已核查，无异议
9		超前加固及预加固措施	注浆效果达到设计要求；预加固按设计进行施工，施工效果检测合格	检验合格
10		监控量测	监测方案已审批，已有监测点数据基本稳定；需增设的监测点位已布置，初始值已读取	已完成；包括铁路部门第三监测单位相关监测工作已到位
11		分包管理	已签订分包合同，分包队伍资质、许可证等资料齐全，安全生产管理协议已签署，人员资格满足要求	满足要求
12		作业人员	拟上岗人员安全培训资料齐全，考核合格；特种作业人员类别和数量满足作业要求，操作证齐全。施工和安全技术交底已完成	已完成
13		应急准备	应急物资到位，通信畅通，应急照明、消防器材符合要求	符合要求
14		其他		
15	一般条件	视频门禁	视频门禁系统已安装到位可正常使用	正常使用
16		材料及构配件	质量证明文件齐全，复试合格	合格，有备存
17		供水供电通风	施工供水、供电满足施工需求，通风防尘及防有害气体措施落实	已落实
18		其他		已按要求到位

运行正常，需要进行严格的监测，京广框架桥沉降需要控制在10mm以内，轨面沉降值需控制在5mm以内。本处监测包括施工监测、第三方监测以及铁道部门委托的专业监测机构。三方监测由监理部统一协调管理，前期准备工作中已对周边环境进行详细调查，并严格按设计要求进行布点及取值。下穿期间各方均按3次/天的频率实时监测，并第一时间提供监测数据，由监理部测量工程师牵头及时对监测数据分析、处理。另外，在盾构下穿完成之后，还将持续监测，直至满足撤销条件。

四、施工效果评估

右线盾构于5月29日刀盘开始正式进入京广铁路框架桥，6月2日盾体全部拖出框架桥范围，用时5天；左线盾构于8月10日刀盘开始正式进入京广铁路框架桥，8月16日盾体全部拖出框架桥范围，用时7天。两台盾构均在规定的时间内顺利通过，监测数据变动也在允许的范围内，整体来说达到了预期的效果。

但左、右两个区间用时不同，施工情况又有所差异。

（一）施工参数对比（主要指标）

上述左、右线施工参数基本与试验参考值相符，通过数据分析及对照地勘资料，存在差异的原因大致如下：

1. 从试验段往铁路桥，隧道埋深逐渐加大，地层强度也逐步加大，因此掘进速度有放缓。

2. 右线先行掘进，在施工过程中有一次参数明显变化，而左线施工过程中没有出线类似情况。通过左、右线盾构掘进数据的对比分析，右线盾构下穿段刀盘主要位于中风化板岩中，岩层硬度较均匀；而左线盾构在下穿段刀盘中、下部主要位于中风化板岩中，上部和顶部在破碎的强风化板岩中，偏向于上软下硬，且底部岩层硬度更大，同时右线盾构顶部覆岩厚度大于左线，总的来说右线地层的地质情况相对于左线要好一些，盾构掘进也更加顺畅。

（二）监测数据对比（主要指标）

1. 左、右线盾构在下穿时沉降监测数据均有变化，但都在允许沉降范围内。产生沉降主要原因为：

1）左、右盾构机刀盘顶部均为强风化板岩，强风化板岩呈破碎状，该层在盾构机刀盘的扰动下，必然会有部分脱落，松动的部分会直接压在盾构机盾壳顶部，当盾尾往前拖进时，管片后的间隙一形成，则松动的部分破碎强风化板岩即掉落在管片上，因而对地层产生一定的影响，导致沉降的产生，这种沉降的形成很难避免，但可以通过二次注浆缓解。

2）同步注浆为惰性浆液，在盾构机盾尾脱出管片后，管片与土体间的间隙产生，而经过刀盘扰动后的砂卵石在管片背后间隙产生即下沉将间隙填充，同步注浆浆液来不及凝固，从而导致地表沉降的产生。

3）二次注浆由于不能在刚脱出盾尾的管片后立即进行注浆，需要隔盾尾保持10环左右距离，同样不能第一时间将同步注浆不到位的空隙进行填充。

2. 右线盾构在下穿时，框架桥的累计最大沉降值远小于左线，其主要原因为：

1）右线地层的地质情况相对于左线要好一些。由于左线地层软硬不均，导致盾构机掘进速度较右线更慢一些，左线盾构机每环的掘进时间都比右线更长，刀盘对地层的扰动更大，也会导致沉降的加大。

2）右线盾构在下穿期间，平均进度为8环/天，左线盾构平均进度为6环/天，而二次注浆需要隔盾尾保持10环左右距离（防止盾尾被抱死），这样就会导致掘进完成的管片进行二次注浆时，左线会比右线慢半天时间，造成沉降控制左线比右线难度更大。

3. 通过上述分析，提醒我们在同一地段相邻位置，地层起伏、硬度不均带来的影响不同。因此地下施工时需要特别注意地层的变化；为减少地层沉降，掘进时应采取均匀、快速的方式，减少刀盘对地层的扰动，同时及时补充同步及二次注浆。

结语

长沙市轨道交通3号线烈士公园东站至丝茅冲站区间左、右线盾构下穿京广铁路框架桥，在计划期间内实现了既定目标，且沉降控制较好，保证了京广铁路的行车安全，为今后盾构下穿类似既有线路桥或构筑物施工积累了丰富的管理经验。笔者通过全过程参与本项工作，认为如下方面值得参考（表3）。

（一）统筹安排。盾构下穿重要构筑物施工全过程需要由多单位共同参与、协作，包括前期设计、施工方案的确定、手续的办理、实施的过程等，需要统筹安排，做好充分的准备工作，监理方在其中应起穿针引线的作用。

（二）充分准备。盾构下穿完成前的任何一个环节的进度都直接影响到整个下穿工期是否能按计划顺利完成，这就要求人、机、料、环境、法等各个环节均必须满足现场的施工需求，任何一个环节出现问题都将会对施工造成不利影响。监理方对此应详细核查，落实程序。

（三）分工明确。各参建方需要根据盾构下穿铁路框架桥的需求，进行明确的责任分工，并认真各司其职。不同单位分工的着重点不同，各个阶段的工作重点也不同。作为监理方，除了完成自身的职责外，也需要及时提醒、督促其他方完成相应职责。

（四）严格计划。每个计划的时间节点均需要严格落实，对于影响因素要提前重点考虑或者专项突破，对需要调整的地方能及时提供比选方案。监理方对照计划督促落实，提醒节点。

（五）精细管理。在下穿铁路框架桥施工过程中，精细化管理、信息化管理运用得非常多，也起到了非常好的作用。这也是监理方真正起主导及体现管理协调能力的地方。

表3

序号	参数	试验参考值	右线	左线	备注
1	土压（bar）	1.3~1.5	1.0~1.5	1.2~1.3	右线391～409环总推力约1300t，刀盘扭矩3400Nm，掘进平均速度35mm/min，注入水的量约8m³/环，出土量63m³左右；而到了409～425环，推力增大到1600t，刀盘扭矩3700Nm，掘进平均速度降至18mm/min，注入水的量约12m³/环，出土量63m³左右，可以看出地层明显变硬
2	掘进速度（mm/min）	20~30	35/18	20/10	
3	出土量（m³）	62	62~63	64	
4	同步注浆量（m³）	≥6	6	7	
5	注浆压力（MPa）	1~2.5	2.0	2.0	
6	二次注浆量（m³）	2~5	5	5	

序号	参数	控制值	右线	左线	备注
1	轨面沉降（速率）	1mm/d	0.56	0.81	左线盾构框架桥沉降较大，经二次注浆后趋于稳定，最终框架桥沉降未超沉降控制值10mm，轨面沉降未超控制值5mm，框架桥整体沉降可控，未对框架桥和铁路线造成大的影响，铁路部门现场验收通过
2	轨面沉降（累积）	5mm	3.45	4.91	
3	框架桥沉降（速率）	2mm/d	0.84	1.72	
4	框架桥沉降（累积）	20mm	5.39	9.94	
5	地表沉降（速率）	3mm/d	2.54	2.83	
6	地表沉降（累积）	30mm	8.71	10.09	

参考资料

[1] 广东省重工建筑设计院有限公司烈～丝区间盾构下穿京广铁路框架桥专项设计汇报

[2] 烈～丝区间设计图纸、施工方案及专家审查意见等

[3] 广铁集团（安茂公司）有关盾构下穿京广铁路框架桥审批意见等

[4] 长沙市轨道交通集团、3号线建设发展有限公司关于烈～丝区间建设的会议纪要及调度手册，以及长沙市政府审查批复性文件等

钢结构屋面防水施工管理探析

姚惠宏

山西诚正建设监理咨询有限公司

引言

钢结构屋面由于施工技术和钢屋面结构的影响，常常会发生屋面漏水问题，影响到人们的正常使用。因此需结合目前钢结构建筑应用的一些不足和缺陷，针对屋面漏水成因，不断探索解决钢结构屋面漏水问题的适用条件和最优办法。

一、钢结构屋面防水施工管理要点

（一）岩棉铺设

在女儿墙未设立完成的情况下，可以预先在女儿墙结构的边缘位置预留一定的作业空间，以免在后续施工中对卷材的完整性造成影响。进行岩棉铺设操作时，应对 PE 膜的厚高度进行合理控制。一般而言确保其铺设高度在岩棉位置的 1m 以上为宜，当岩棉铺设完成且卷材材料就位之后将 PE 膜覆盖至卷材之上。此种分布的主要作业优势在于，遇到雨水天气时雨水会直接从凹槽部位流出，不会对岩棉形成浸湿影响。为确保岩棉铺设质量，应合理配置固定架，每部分岩棉宜设置两个固定架，且利于胶带连接 PE 膜。

（二）卷材施工

卷材施工的过程中应做好卷材的顺直工作，使其保持平整状态铺设在特定的屋面部位。为保证卷材施工的质量，先进行预铺操作，即将卷材平铺在屋面位置，对其位置进行确定之后对多出部分的卷材进行修剪。卷材的分布应遵循平行屋脊的铺设方式，同时确保卷材间的接缝沿着水流方向布置。具体施工前还要做好放样工作，通过卷材材料的合理设置来减少接头问题，对无法避免的接头现象应做好各接头部位的处理工作。在本次所研究的工程中，采取的主要固定施工方式为机械固定法，首先对直接接触屋面位置的卷材进行固定，保证卷材的合理分布以及平直度，为上层卷材的铺设施工打下良好的基础。需特别注意的是卷材之间的纵向搭接宽度应控制在 12cm，且采取热风焊接的方式。

（三）施工细节处理

1. 屋面构件部位处理

对于超出屋面结构 1m 的固件均应采取相应的密封处理措施，以免由于连接部位渗水对屋面结构的防水性能造成影响。对于穿出屋面结构的部位应采取用 U 形压条固定，且将各个固定构件的间距控制在 125mm 左右。针对卷材的收口部位采取收口压条进行密封固定，此外还应在接口部位使用密封膏提升接口部位的密封质量。

2. 屋脊结构处理

屋脊结构属于屋面结构中的最重要的连接部位，且呈现拱起的搭接形势。在针对该部位进行卷材铺设时，应借助 U 形压条和螺钉对其搭接部位进行固定，固定螺钉的间距同样需要控制在 125mm 左右。在底层卷材铺设完成后，还应在上层设置宽为 15cm 的卷材用于覆盖压条。最后采取热风焊接的方式对收口处进行焊接处理，降低雨水渗入卷材的概率。

二、钢构屋面防水存在的问题及解决措施

（一）屋面板水平横向、上下纵向搭接处漏水

因钢结构受温度影响，热胀冷缩比较大，屋面彩钢板之间搭接自攻钉或铆钉容易松动，接口部位较易产生位移，如果缺少密封胶条或密封硅酮胶，或涂抹密封不到位、材料老化，与彩钢板表面不能同步位移而脱离，会出现缝隙，造成渗漏。

特别对于彩钢板波峰过低的板型，当瞬间雨水量过大淹没过压型板的波峰

时，水从板的搭接处缝隙中渗入，形成大量的漏点。

解决方法：大跨度屋面采用360°直立锁缝板屋面系统，该类板型的搭接直立锁缝点在较高的波峰处，不易被雨水浸没，严密的360°锁缝阻止了雨水的渗入，不需在屋顶板上固定螺钉从而减少了对板面的穿透破坏，并通过固定在屋面上可滑动支座释放了金属屋顶热胀冷缩的应力，变形量小，屋顶整体密封性能大大提高；可采用现场压板生产方式，根据板跨度一次性压成一张整板，中间无板的纵向搭接，减少漏点概率；设计上尽量加大屋面排水坡度，确保雨水及时排下。

（二）屋面安装螺钉、紧固件漏水

主要原因是施工中人员操作方式不当，用力过轻或过重、钉位不准，螺钉没紧固到位，打斜、打偏、打空洞、钉孔打爆、防水垫片打碎、变形脱落等，形成漏点；其次螺钉材料质量差、强度不够，易断裂、难固定、防锈性能差、易腐蚀，也会造成漏水。

解决方法：安装前做好人员专业操作培训工作；做好材料采购和检查工作，杜绝使用低劣材料；提前整体测量屋面尺寸，做好排板布置和定位控制点，安装过程中不断检查复核板的定位，防止偏移；加强工序检查和衔接工作。

（三）天沟处漏水

很多业主、设计单位为了钢结构厂房的建筑外立面美观，将外墙面高出屋檐形成顶部平直的女儿墙来遮挡屋面斜坡，还有一些大跨度厂房因屋面坡度受限，从而在钢结构屋顶采用内天沟的排水方式，这种内天沟处是发生漏水的最主要部位，也是最重大的隐患。漏水主要发生在天沟板与屋面板和外侧女儿墙板的搭接处，每两块天沟板纵向焊接的接缝处。

主要是因为钢结构屋顶的结构特点，通常天沟尺寸比较窄小、深度小与屋面板、女儿墙板形成不了连续的彩钢板防水构造，只能互相搭接，通常在搭接处增加密封胶条、泡沫密封条。如果因密封材料质量问题或者安装中密封操作处理不当，存在密封不严的问题，当瞬间雨水量较大，雨水管和溢流口在短时间内无法及时排水，形成局部积水的时候，强大的水压会导致水从天沟与屋面板、女儿墙板的接缝处倒灌入建筑物内部，造成屋顶较大的渗漏，危害性较大。

另外还有比较特殊的情况是在北方地区的冬、春季节融雪时，融化的雪水因晚上的低温而结冰在天沟及排水管中，在第二天中午气温高时不能及时融化，导致屋顶新融化的雪水无处排放而积水在天沟处，造成屋顶漏水。

解决方法：适当加大天沟宽度和深度，使天沟积水不超过天沟外沿与屋面板接缝处；设计上在按照最大暴雨量计算基础上增加排水管直径和数量，增加溢流口的尺寸和数量；选用质量有保证的密封材料，施工中严格做好工序衔接和检查，确保操作到位；在天沟表面增加柔性防水卷材，一同包裹住天沟与屋面板及女儿墙板的接缝处，实现天沟整体密封；可采用虹吸排水管道系统，以加快天沟排水速度；每两块天沟纵向焊接接头作防水试验，若发现漏水，及时进行补焊。

（四）屋顶突起设施基础和洞口处漏水

屋顶设施主要有屋顶通风气楼、屋顶风机、设备基座、屋顶机房、采光板、设备开孔等；主要原因是屋顶板断开形成不了连续防水系统，不同设施不同材料与屋面板的热胀冷缩不一致、屋顶设施基座没采用可滑动的构造措施、接缝处没采用柔性连接方式、没增加附设防水层、连接处密封构造和材料质量及施工处理不到位等因素，在屋顶相当运动中产生接缝处的开裂，造成漏水。同时还存在屋顶设施本身制造不防水等原因。

解决方法：需由各厂家与建筑的设计人员充分沟通屋顶设备基座，采光带等构造与钢结构的连接方式，有详细的做法详图；设备机座采用滑动式构造必须在屋面板安装前施工到位；采光板的板型需与屋面板板型吻合，纵向波峰上部胶泥加宽，防止毛细渗水；各类收边安装前需设置附加防水层、泡沫堵头、胶泥固定、打密封胶；管道周围设置柔性材料密封；导水板安装平整、严密，确保水流顺畅；气楼安装前必须查验防水性能，安装完成后对开孔位置做防水处理。

结语

对于钢屋面防渗漏技术方案的研究和探讨，将有助于业主、设计、监理、钢构厂家、施工安装单位采用更加优化合理的方案，更加有保证的技术措施，建造更有质量保证的钢结构工程，不断提升钢构工程的整体技术水平。

参考文献

[1] 李荷英 . 初探钢结构工程屋面防水及节点处理 [J].
河南建材，2014（04）：155-156.
[2] 董文，李国干 . PVC 防水卷材冷粘工法在轻钢屋
面防水维修工程中的应用 [J]. 中国建筑防水，2015，
06（19）：18-20+24.

浅谈项目多元化咨询服务的实践与思考

陈海红　　周广虎　　郭峰

山东明信建设工程咨询有限公司

摘　要：通过总结企业参与多领域、多类型项目管理及咨询服务的经验，简述管理模式多元化的优势，进而探讨全过程工程咨询管理业务的优势及面临的困难，同时认识挑战与机遇并存。

关键词：项目管理；全过程咨询

随着国家全过程工程咨询模式推进速度的加快，工程咨询单位可持续发展获得了难得的机遇，同时也面临严峻的挑战。特别是多元化资质的咨询企业，从传统的工程监理、造价咨询、招标业务等向综合型服务转型，加快形成以提供全过程项目咨询服务为主导，工程招投标、投资控制及监理服务等多专业一体化协调发展的综合型咨询企业，才是企业突破瓶颈、可持续发展的途径。明信公司自2005年起拓展全过程项目管理与全过程造价咨询、工程监理与全过程项目管理一体的综合咨询服务，针对项目特点及服务范围、投资模式及服务主体，提供多元化、多方位、多层次、差异性的全过程项目管理。特别是通过参与政府投融资项目管理服务，不断探索总结其服务特点，并利用"互联网＋"技术，建立项目文件信息管理平台及项目管理协同工作平台，实现项目信息在项目参建各方间及时交互共享，完成项目的协同管理任务，提高了企业的咨询服务能力与实力，为企业向全过程工程咨询模式转型积累了经验。

一、政府投融资项目咨询管理的特点

自2000年初，济南市政府对财政投融资项目购买第三方项目管理服务，通过招投标引进具有多元化咨询资质的项目管理公司参与棚户区改造安置项目及城市各类基础设施建设项目咨询服务（多元化资质要求公司同时具有监理、设计、造价咨询、招标等其中两项以上资质）。明信公司至今已参与了多类型政府投融资项目全过程项目管理咨询服务，包括安置房项目、教育设施项目、市政基础设施工程、污水处理厂项目、美丽乡村环境提升项目及商业综合体项目等。范围包括从项目立项至项目运行交接及后评估等。项目管理目标从组织及协调、工程质量、进度、安全、合同及投资的控制，扩大至资金筹措、征地拆迁及规划、风险分析、运营维护等。不仅包括技术性服务，还针对不同项目特点向前后期的项目评价、调研服务、后评估等延伸。

完善不同类型项目的管理制度、明确项目的主要服务特征和项目管理多元化的服务目标，是项目咨询企业成功管理不同项目至关重要的因素，项目管理制度建设及合理规划更是整个项目实施前的重要步骤。可以说，没有制度与规划，项目就没有管理依据，制度与合理规划是一个项目成功的实施基础。地方政府部门着眼于未来发展，对政府投资项目推行第三方咨询服务，是社会发展的需要，是经济发展的客观要求。这也为咨询企业提供了参与项目建设的机会，给现代项目咨询管理提供了广阔的应用空间。但是，如果管理没有制度及合理规划，违反了国家法律和相关政策，管理就是失败的，项目咨询管理也失去了在工程项目建设中具有的地位。

（一）有针对性的管理制度

通过实践，我们把项目管理制度总结为两部分，第一部分为管理中应用最普遍、最基本的常规管理制度；第二部分为根据项目主体特征及项目类型编制的专项管理制度。以下为常规制度，即：基础管理类制度、业务管理类制度、监督检查类制度。

1. 基础管理类制度

主要包括：会议制度、重大事项上报审批制度、安全文明施工管理办法、信息平台管理办法、现场现代化监控管理办法、业务培训制度。

2. 业务管理类制度

主要包括：全过程推进流程，计划管理制度，专业工程交底制度，合同管理制度，招标、定标管理制度，材料设备采购供应制度，设计变更、工程签证管理办法，资金审批与工程款支付管理办法，工程结算管理办法，竣工交付及后评估制度。

3. 监督检查类制度

主要包括：廉政建设制度，周、月报汇报制度，周、月工程调度会制度，月度检查及综合考评制度。

制度是项目管理过程中的依据，通过制度建设与宣贯，项目管理公司及各参建单位做到目标明确、权责分明，工作开展更加有序、高效，工程建设管理更加规范、科学，从而保证项目各项工

		建设项目常规管理制度	表1
序号	制度类别		制度条款
1	基础管理类制度	会议组织及会议制度	实施主体建设工程例会、项目管理例会、监理例会、设计例会等专项例会制度、重大问题例会制度、专项方案例会制度等
		重大事项上报审批制度	安全及质量突发事件、变更及签证等
		安全文明施工管理办法	总包施工单位安全责任书、监理单位安全责任书、项目管理安全管理责任等
		信息平台管理办法	信息平台使用管理办法
		现场现代化监控管理办法	通过监控中心对施工现场及施工过程全程监控、通过网上平台随时对施工现场及施工过程进行了解
		业务培训制度	企业自培制度、参与社会培训制度
2	业务管理类制度	项目管理单位管理规划	计划管理制度
			全过程推进流程
		技术管理制度	专业工程交底制度
		工程变更管理办法	业主方提出工程变更流程、设计方提出工程变更流程、施工方提出工程变更流程
		合同管理办法	合同文本的编写与审批工作流程、合同谈判流程、合同签订工作流程、业主方提出合同变更流程、乙方提出的合同变更流程
		招标定标管理办法	定标工作流程、定标后续工作流程、工程招标计划（不包括材料设备采购）编写与审批工作流程、招标文件的编写与审批工作流程
		材料、设备采供管理办法	材料设备采购工作流程、材料设备进场管理工作流程、甲供材料款审批与支付流程、批价工作流程、询价工作流程、询价后续工作流程
		工程款审批与支付管理办法	资金使用计划审批表、工程款审批与支付工作流程、材料款审批与支付工作流程、咨询服务费审批与支付工作流程、资金使用计划编写工作流程
		工程签证管理办法	工程签证流程、工程量清单缺项定价工作流程
		工程结算管理办法	工程结算工作流程
3	监督检查类制度	每月综合考评制度	工程进度考核表、工程质量考核评分表、工程安全文明检查标准及评分表、监理单位检查标准及评分表、综合考核汇总表、周月报汇报制度、周月工程调度会制度
		廉政制度	严格执行党风廉政建设法规，自觉遵守各项财经纪律，严格措施、防微杜渐、严格要求，强化规范约束，严格划清与有关单位的经济界限，坚持实事求是、秉公办事、艰苦奋斗，不奢侈浪费、公私分明，作风正派等

作的顺利进行。

（二）服务面广（多元化服务）

作为政府投融资项目的咨询管理，基本是从项目立项或从项目拆迁征地阶段引进项目管理的咨询服务，包括相关手续的办理至项目运行交接及后评估等。全过程项目管理既涉及与相关政府职能部门的政策对接及前期各项手续推进程序，又涉及工程建设的有序组织与协调。

因此，具有能提供多元化及综合性服务的实力，才能在有限的时间内确保项目投入运营，而项目管理应做到以下几点最基本的要素。

1. 项目建设手续的推进

项目开竣工各项相关手续的推进，直接影响项目的建设速度。在征地及拆迁、供地及规划、项目前期各专业手续、原管网的迁移、图纸技术审查及施工图

联审、规划及施工许可等各项手续有序推进穿插办理中，往往因项目的特殊情况受政府政策制约，各项手续的进展会给项目管理带来意想不到的困难。因此，计划性、专业性、时限性是体现项目管理单位综合管理实力的重要标志，同时也是其影响企业社会效益和经济效益得失的关键因素。在多年的项目管理实践中，我们已形成了完善合理的推进程序、推进模式及保证措施，并成功应用在项目服务中。

2. 组织协调能力

项目组织协调包括对内、对外两个方面。对外主要包括与工程建设有关的各级主管部门及项目建设过程中职能部门的协调，加快项目推进速度，项目管理单位必须了解各职能部门的审批顺序、批复时限及相关报审资料的构成，推进各手续的办理尽快进入审批程序，组织项目顺利开工及竣工，并做好关键节点的组织管理及协调。对内做好各参建单位之间的协调，做好项目前期阶段的技术储备工作，包括项目计划目标和各项方案及各项措施的审批、主要管理规划和质量及安全方面措施的审批、建设主体各项指令的传达及落实情况的回复、提交各工程周报月报及各项工作总结。对项目建设各环节及各单位工程行为严格管理及检查。协调发挥监理单位工作积极性，管理中要求监理单位严格按监理合同及监理规范开展监理工作，参加监理例会，通过监理及各参建单位周报、月报等信息反馈，减少日常管理工作和人力资源沟通成本，有效减少信息漏斗。支持监理对施工质量及安全生产的严格管理。做到全过程覆盖，即各项工作落实到各个环节、各个过程和各个工序，重心下移，加强事前控制。组织整个项目的各阶段实施交底会及过程施工管理工作，督促检查施工现场的质量、进度、安全及文明施工，落实各项安全防护措施。协调建设各方关系，负责各专业、各职能部门技术对接及有关咨询单位的协调工作，协调各专业管线职能部门的实施计划，对各参建单位进行综合协调管理，针对项目特点有目的地计划、组织、协调、控制并最终完成项目目标。

3. 投资控制

项目投资控制是政府投融资项目管理中重要工作环节，而投资概算是整个工程项目投资的红线。其中不但融合了土地投资，各项规费，建设投资，咨询费，各种建筑材料、设备等的投资控制，也包含整个项目建设中不可预见费用的控制。投资计划管理必须合理科学，确保整个项目各项资金计划合理使用。重视建设过程中各个环节的投资控制（优化规划、设计及施工方案，组织招标工作及合同的洽谈，负责材料、设备询价组织及合同的审核、设计变更、现场工程签证组织、计量及把关审核等），参与各专业项目的投资控制、资金使用计划的编制，建设资金计划与实际资金投入的动态跟踪，控制实际投资不超概算投资。

4. 组织竣工验收及物业移交

负责组织工程（包括市政配套工程）的中间验收与竣工验收以及项目的综合验收，资产与资料移交及保修交底，包括手续资料、工程资料、设备资料、资产移交清单与保修清单名录等。

做好政府投资项目的组织协调管理，不仅体现在对建设过程的组织管理，更重要的是项目管理必须熟悉项目的每一个环节，能深层次理解建设方意图，对不同阶段的工作，提出具有建设性的合理化建议，加强沟通管理，重点落实各项任务的完成情况，协调项目参建各方的利益，为建设单位决策当好参谋，确保建设各级指令得到全面落实，切实做到政令畅通及工程现场的进展情况及时反馈。对不能及时解决和答复的问题提出解决方案，在第一时间向决策层汇报，决策结果宣贯到位，从不同的侧面推进工程目标的实现。

二、基于 BIM 的全过程项目咨询

随着济南市全过程咨询项目试点工作的推进，2018 年公司参与了政府社区养老服务中心的全过程项目咨询服务，并把 BIM 模型作为辅助工具贯穿于项目策划咨询、前期可行性研究、项目前期准备、工程设计优化、招标代理、造价咨询、工程监理、施工过程管理、信息平台电子档案管理、竣工验收及运营维护等项目的全生命周期。在设计方案优化建议、方案投资估算、全过程投资控制、施工图"错漏碰缺"检测、工程监理、物料进场、专用设备安装及运营方案模拟、变更签证、投资目标比对等工作过程的不同阶段都尝试基于 BIM 数据模型的实际应用。最终竣工模型应用于项目后维护运营。而在整个管理流程中，BIM 模型起到协同完成不同工作任务的作用，将所有过程模型、文件全部上传至公司信息管理云平台。各参建单位可以通过自己的用户名及口令按照既定权限调阅、上传模型文件及其他管理文件，实现 BIM 模型的优势是在信息共享的基础下，多专业、多参与方共同使用、维护完成项目目标的模型，其作为咨询工具在该项目咨询管理中起到了不可替代的作用。

（一）实践与成效

将 BIM 信息模型成功导入养老服务中心项目管理过程，不仅收到了很好的经济效益和社会效益，也是全过程项目咨询探索基于 BIM 信息模型在工期紧、条件复杂、多单位交叉施工的改造工程中的成功实践。项目竣工后，不仅为业主提供了可用于运营及后维护的 BIM 信息模型，同时积累了族文件用于企业建模标准。本项目借助 BIM 信息模型的应用为项目全过程咨询积累了经验。

（二）BIM 作为开放的共享平台

实践使我们认识到，BIM 给予共享数据平台的基本属性绝不仅仅是它的可见性和开放性，可共享性才是 BIM 模型应用于管理的基本要素。BIM 模型实现了在不同参建单位中可视，数据信息实现了共享。通过 BIM 信息模型提取的主要指标，使参建各方实现数据共享、数据比对、数据分析有了共同的基础。且在模型共享的过程中，最主要的是项目各参建单位按照统一的建模标准搭建或维护模型，做到标准统一，实现模型共享、数据共享，才能体现出 BIM 模型开放共享的应用价值。

（三）BIM 模型作为投资控制的主线

BIM 模型贯穿于项目投资成本控制的全过程，成为建设单位投资控制的工具。从决策阶段的投资估算，设计阶段的工程预算，施工阶段的动态成本控制，竣工决算至运营阶段的各类折旧、维修核算，对各类数据快速提取发挥了优势。在变更及签证动态成本控制过程中，在全面准确地进行成本数据差异对比分析阶段，可视性节约了决策时间成本。同时 BIM 模型也将作为业主项目运营及运营维护的可视工具，在节约后维护成本中发挥不可替代的作用。

（四）BIM 技术服务拉近了业主与项目的距离

项目实施中并非所有的业主都具有建筑、安装等相关专业知识，所以他们在参与项目决策、项目管理的过程中会出现理解偏差。BIM 模型的直观感知为非专业人士接近工程、决策工程提供了捷径。在本项目中，业主依靠 BIM 虚拟空间，感知了虚拟待建工程，提前解决了工程设计中的缺陷、中心设备摆放、无障碍模拟等问题。让我们看到了 BIM 信息模型的优势，体现了 BIM 在全过程项目管理中的应用价值。随着项目全过程咨询模式的推广，BIM 信息模型应用将在建设领域的投资价值、时间价值、管理模式变革、实现智慧城市发展过程中发挥不可替代的作用。

三、向全过程咨询模式转型中小企业面临的困境

我国工程监理、造价咨询等行业都经历了近几十年的发展，已有相当数量的专业人员通过国家执业资格考试。监理及造价咨询行业的行为规范、行业细则及行为标准已较为完整。但是从目前的行业需求看，有相当数量执业从业人员的专业综合素质跟不上市场发展的需求，同时存在专业人员知识面单一、流动快的问题。当前国家提倡"创新工程监理服务模式，监理企业向'上下游'拓展服务领域，提供项目咨询、招标代理、造价咨询、项目管理、现场监督等多元化的'菜单式'咨询服务，选择具有相应工程监理资质的企业开展全过程工程咨询服务的工程"。虽然明信公司有多年项目管理及监理一体化服务实操经验的积淀，也培养了一批复合型的专业

人才，但是，企业转型需要全面提升其综合实力，需要一大批高素质、复合型、掌握现代科技知识的专业人才。不仅需要具备理论知识的专业人员，更需要实践经验丰富的实战专业人员及良好职业道德的管理领军人，同时要提升企业的现代化管理综合实力。目前在行业转型过程中，咨询企业的发展还很不均衡，行业发展还存在不规范的市场竞争。因此，中小咨询企业转型发展还将面临很大困难。

（一）人才制约企业发展

1. 企业从碎片化的服务模式转向综合性的服务模式，专业人员从业经历单一、知识面与实操经验少、综合咨询服务能力欠缺，制约企业的转型。

2. 未来企业需要提供多阶段、多层次、多专业及不同深度、多领域、多元化服务，必须加快培养高水平的复合型执业管理人才适应市场需求。

3. 中小企业竞争能力差，难以留住高端人才，特别是咨询行业的优秀专业人员面临开发企业及大型咨询企业的高薪酬争夺。

4. 目前，建筑领域高等院校的专业学科划分更细化，专业更单一。比如造价专业、施工专业等知识碎片化。复合型人才培育周期长、成本高是咨询行业的特点，往往企业倾力传帮带，员工刚刚初步胜任岗位工作就要跳槽。人员的频繁流动，不仅增加了中小企业培训成本，也降低了中小咨询企业培养人才的信心，一些从业人员说多做少，综合素质难以提高，使企业综合服务水平难以提高，也影响了咨询行业的信誉。

（二）营商环境

目前，咨询行业市场竞争较激烈，一线城市的重点项目几乎被央企、国企

或已改制的大型咨询企业垄断。而招标行为还不完全规范，对政府规范市场行为的相关文件贯彻不到位，存在人为设置投标标准限制门槛，政策性指导收费不执行，招标控制价严重偏离政策性指导收费标准，甚至成本和利润倒挂（全过程项目管理中标费率为 0.9%，服务周期两年，面积超过 20 万 m² ）现象。合理的成本和利润是行业健康发展、提升服务、培育高素质咨询人的基础，恶意压价和不规范市场竞争，造成成本与企业的服务质量不成正比，服务质量难以保证，行业难以健康发展。

（三）企业自律

招标采购的中标价采用最低价，而投标企业为了中标过度压低投标报价（如全过程跟踪审计投标报价费率仅为 0.05%，服务周期近一年）。另外，还存在少数挂靠公司低价中标，与中小企业在价格上争市场，不注重企业信誉，降低服务质量的情况。其结果是中标企业为了降低服务成本，不派驻优秀的专业人员，而业主得不到优质的服务。这不仅给项目的咨询服务质量埋下了隐患，也对咨询行业的声誉造成了严重的损伤，形成恶性循环。只有加强企业自律，以优质的服务赢得市场，培养具有良好职业道德的咨询人，突破、创新，给企业发展做好服务加法，加大科技投入，加快推进适用于全过程咨询管理的信息化及数字化管理，提升技术管理、组织管理和制度流程中的创新服务，不断提高多元化服务的能力和水平，培养高素质、复合型、具有良好职业道德的管理人才，才是企业发展的根本。

（四）机遇中求发展

政府提倡培育全过程工程咨询企业，鼓励建设项目实行全过程工程咨询服务，既需要政府政策的引导，更需要咨询企业综合服务能力的提高。《国务院办公厅关于促进建筑业持续健康发展的意见》（国办发〔2017〕19号）针对不同规模和实力的咨询企业转型提供全过程工程咨询服务给出了方向和建议：

"培育全过程工程咨询。鼓励投资咨询、勘察、设计、监理、招标代理、造价等企业采取联合经营、并购重组等方式发展全过程工程咨询，培育一批具有国际水平的全过程工程咨询企业。制定全过程工程咨询服务技术标准和合同范本。政府投资工程应带头推行全过程工程咨询。鼓励非政府投资工程委托全过程工程咨询服务。在民用建筑项目中，充分发挥建筑师的主导作用，鼓励提供全过程工程咨询服务。"中小型企业要克服多专业规模小、不具备多资质的弱势，发挥企业自身技术优势，拓展前期咨询、项目融资、过程管理、项目运营维护等相关业务，逐步采取企业联合经营，形成工程项目全生命周期的一体化服务体系，迎接行业机遇，克服阻力，脚踏实地走出一条适应自己的全过程咨询服务模式，以优质的服务赢得社会的认可，跟上社会发展的步伐。

全过程工程咨询在EPC项目实施阶段的探索

贵州正业工程技术投资有限公司

全过程工程咨询是采用多种服务方式，为项目决策、实施和运营持续提供局部或整体解决方案以及管理服务。全过程工程咨询的主要特点：一是咨询服务范围大，覆盖项目策划决策、建设实施（设计、招标、施工）、运营维护全过程，服务内容涵盖了技术咨询和管理咨询；二是强调智力性策划，为委托方提供智力服务；三是实施多阶段集成，而不是将若干阶段简单相加。

全过程工程咨询包含勘察、设计、施工、监理、造价等环节，因此需要建立完整的咨询流程，强调总咨询师的作用及总体工作策划，使各环节工作能无缝衔接，从而避免传统工程咨询服务的碎片化现象。

全过程工程咨询的意图在于项目全生命周期，但目前中国的工程实践却很难支撑这个目标，因此大多在工程项目的局部阶段进行实践探索。工程项目实施阶段是指工程投资决策后至竣工总结的阶段，该阶段的服务内容包括工程勘察、BIM工作、工程设计、造价咨询、工程和设备采购咨询、项目管理、施工监理、设计服务、运营准备咨询、竣工验收咨询等。本研究利用EPC项目容易统筹规划和协同运作等优点，采用了"1+X"的做法，即在项目的实施阶段，采用全过程工程咨询的模式和方法，以

期为项目提供连续、集成化、相对闭合的咨询服务。通过分析组织架构搭建及咨询工作中设计、BIM、施工、监理、造价等环节工作，并在此基础上提出全过程工程咨询实践的思考和建议，为全过程工程咨询的发展提供实践支撑。

一、案例项目概况及工作范围

（一）项目概况

本研究依托贵州双龙航空港经济区双龙北线B-03地块土地一级开发整理项目设计、施工（EPC），项目位于双龙航空港经济区罗吏村、柏杨村，总投资为7.94亿元，用地面积约1693亩，包含场平工程、边坡工程、场平处理工程等多个分部工程，且涉及古树保护、溶洞处理、河道保护等，其土石方挖方量达到 $6 \times 10^6 \mathrm{m}^3$，

填方量约 $4.3 \times 10^6 \mathrm{m}^3$，工程涉及面广、工程量大、不可预见因素多；且该项目作为汽车产业园项目先期工程，属于贵州省重点工程，项目工期紧，任务重。

（二）工作范围

本项目全过程工程咨询服务内容是在项目实施阶段提供施工监理、造价咨询、BIM技术服务，在设计、施工过程中审核技术方案并提供技术指导，进行项目管控。

二、组织架构搭建

以具有项目综合管理经验和能力的咨询工程师作为总咨询师，配备各专业技术负责人，共同组成全过程工程咨询团队，团队成员涉及咨询、勘察设计、施工、监理、造价、BIM等专业（图1）。全过程咨询团队以总咨询师为核心，充

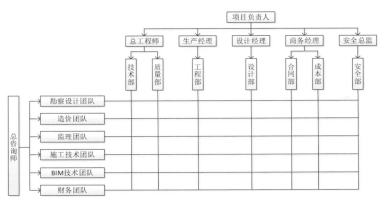

图1 以全过程咨询团队指令为主的EPC项目组织结构

分调动各专业技术人员，强调高智力服务，为项目提供技术和管理的数字化解决方案。同时，充分发挥监理的协调组织作用，强化咨询团队各环节工作的衔接，以期在节约投资成本的同时也有助于缩短项目工期，提高服务质量和项目品质，有效地规避风险。

三、各环节工作实例

（一）监理

监理工作贯穿整个项目实施阶段，主要工作内容为组织评审设计方案，组织工程设计优化，组织技术经济方案比选，组织工程设计文件报审，工程进场前期的配合及监督实施工作，施工阶段工程质量、进度、造价控制，安全文明施工管理监理工作，合同管理，信息资料管理，组织竣工验收，组织项目后评估，工作协调等（表1）。

该项目中监理工作在传统施工监理的基础上向前和向后延伸，扮演整个全过程工程咨询服务的桥梁作用，连接各环节的工作，使碎片化咨询转变为全过程咨询，形成全过程、全方位、多元化的咨询服务。同时，为使监理工作规范化、系统化，监理工程师应是在工程技术、经济、法律法规等方面都有一定专业性的全能型、复合型人才，也强调监理工程师对于复杂状况的解决能力、整体性管理水平和多方位协调沟通能力。

（二）造价

在项目实施阶段，造价咨询重点发挥对建设单位和设计单位的协助作用，实现对方案的优化（工程量及工期优化），对各项优化方案均严格审核投资，推选最佳方案。同时，建立价格信息管理系统（图2），充分了解常用设备及材料的价格（钢筋、燃油、水泥等），以确保施工质量不被影响的前提下降低整体成本，并从成本方面对施工进度进行全面把握，进行未完成工程的合理估计，以便及时发现施工中产生的偏差，针对施工过程中存在的问题采取合理的纠偏措施。同样，造价咨询可贯穿整个项目的实施阶段，实现全过程造价咨询。

1. 设计阶段工程概算审核

建设项目进入设计阶段，造价咨询工作主要是审核设计概算，并对设计提出评价意见。设计阶段造价咨询平台实施方案主要为：①通过平台接口，接收造价咨询委托及初步设计方案（扩大初步设计方案）提资材料。②通过平台集成的BIM算量软件计算工程量。③对于设计深度不够的部分，查询平台数据库，寻找类似已建成项目的造价指标进行估算。④形成设计概算，反馈造价意见及建议。⑤将审核后的概算造价咨询成果文件反馈给设计业务板块。⑥将造价咨询成果存于平台数据库，进行指标分析，丰富数据库数据。

2. 设计施工图预算审核

审核设计施工图预算也就是工程预算，该阶段的关键工作是审核工程预算，作出预算指标分析，为招投标阶段的各方提供极为重要的投标报价及评标依据。设计施工图预算审核阶段造价咨询平台实施方案主要为：①通过平台接口，接收造价咨询委托及施工图、施工图预算等提资材料。②通过BIM算量软件计算工程量。③通过平台集成的计价软件，导入工程量从而形成计价文件。④查询平台数据库，对计价文件进行调整审核。⑤形成的工程预算审核版文件，反馈造价业务板块的意见及建议。⑥将造价咨询成果文件返回平台供相关业务部门使用。⑦将造价咨询成果存于平台数据库，丰富数据库。

3. 施工阶段造价进度跟踪审批

该阶段的造价咨询工作主要是工程造价现场跟踪，包括进度款支付审核，工程设计变更及工程签证引起工程造价

监理目标及任务表　　　　　　　　　　　　表1

目标类别	工作任务
质量控制目标	做好工程质量的事前、事中、事后控制，确保工程质量满足规范和设计要求，达到国家相关工程质量验收合格标准
工期控制目标	以施工承包合同、监理合同所规定的总工期为控制目标。运用动态控制原理，采取监理控制措施，确保项目建设按期完成
投资控制目标	以施工承包合同确定的工程总造价（投资）为控制目标。遵循动态控制原理，认真做好计量、签证及进度、结算审核工作；严格控制合同外追加费用的发生
安全文明施工监理目标	履行国务院《建设工程安全生产管理条例》（国务院令第393号）规定的安全生产监理职责，严格认真做好规定的安全监理相关工作；采取监理措施，消除各类安全隐患；避免工伤事故，杜绝死亡事故。严格执行国家有关文明施工法律法规，加强文明施工监督管理，达到法规要求的文明施工标准，争创安全文明施工样板工地

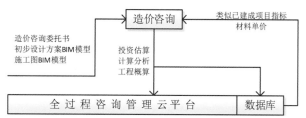

图2　造价咨询平台实施方案示意图

变化的审核、索赔及反索赔造价咨询，咨询合同规定的其他造价咨询工作。审核进度款的关键是要事先对工程预算全面复核，确保预算准确的前提下，以预算为主要依据，结合形象进度及工程承包合同规定的付款比例及其他规定审核进度款的支付金额，确保不发生超付。设计变更及工程签证造价审核要及时准确，做到对工程造价变化的动态控制。

4. 项目竣工结算审核

竣工结算审核阶段的工作程序就是对竣工资料进行整理收集归档，依据工程承包合同条款的规定，审核竣工结算，并从造价咨询管理的角度对其项目建设做出准确合理的评价。

（三）设计

全过程咨询团队不仅要审核设计方案，同时提供技术指导，目的是为工程项目提供高智力服务，从而真正达到节约投资的目的。本项目作为汽车产业园项目先期工程，设计单位根据工艺要求及自身经验水平对场地标高作出了要求（场地北区设计标高为1075.00m，南区为1085.00m）。全过程咨询团队审查了相关图纸后认为场地北区大部分为挖方区，汽车制造工艺要求地块平整，建议标高整体调高1~3m，标高调整之后既可减少场地挖方量，又满足上部工艺以及交通组织要求，同时减少外弃方量；场地南区原设计标高为1085.00m，主要为生活办公区，地块整体平整度要求较低，且存在部分古树，建议根据场地实际情况设置不同标高平台，既可满足厂区生活、办公需求，又可保护场内古树；同时全过程咨询团队建议场地边坡工程中的钢筋混凝土改为毛石混凝土，既能满足质量要求又能节省投资。根据修改前后设计图纸标高，项目节约土石

方挖方 $4×10^5m^3$，减少弃土 $6×10^5m^3$，直接节约投资约5000万元。

同时，全过程咨询团队为项目提供BIM技术支持，设计过程中采用BIM技术，实现了最快速、最准确的方案设计和工程量计算。项目采用BIM技术对场地的土石方开挖、土石方回填、边坡、排水、标高确定以及与周边道路的衔接进行分析。GPS地形测量技术结合BIM三维模型，可准确、实时掌握场地的施工状况，根据现场情况及时调整施工组织，并对可能存在的安全隐患如高边坡开挖与支护、高压电塔保护等及时预警，提前采取保护措施。

（四）施工

全过程咨询团队完善了职责分工及有关制度，落实责任，在熟悉前期策划立项、设计图纸、设计要求、标底计算书等文件的基础上，及时提出各项施工建议及解决方案，对项目施工风险提前预警并提出规避措施。

场地内有陡峭山地，山顶标高1172.4m，距离场地设计标高垂直高差约100m，陡崖高度约70m。1130.00~1172.40m范围无法形成运输道路，项

目进展受到严重影响。总包管理部按照一般土石方开挖情况编制了开挖方案，为单通道运输方案（图3）。全过程咨询团队审查方案后认为单通道运输方案虽具备可行性，但每日运输量小，工期要求较长，且道路边坡高度较大，危险性较大，单通道抵抗运输风险能力不足，建议重新组织踏勘，编制多通道运输方案；可以借鉴大型矿区开挖方式，做出每日开挖系统图，以便控制每日进度；针对局部陡崖土石方，可以直接采用挖掘机抛撒至坡底后再运输等多条建设性意见。

优化后的施工方案设置双运输通道（图4），并且绘制出每日系统开挖图（图5），具体到机械设备摆放、运输路线安排、运输方式及爆破区域布置等，在保证安全的前提下，节约工期30天以上，圆满完成任务，同时节约投资4000万以上。

四、全过程工程咨询应用建议

（一）优化全过程咨询模式。全过程工程咨询企业的规模一般较大，所涉及

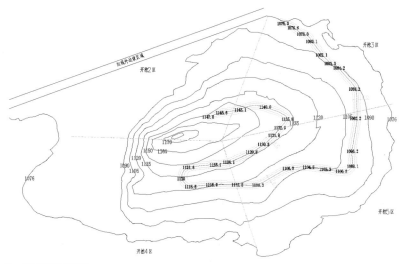

图3 单一运输通道布置图

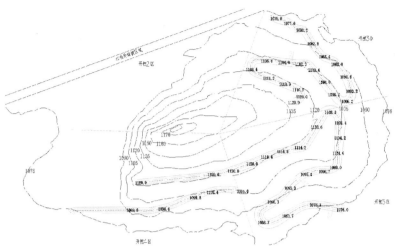

图4 多通道运输布置图

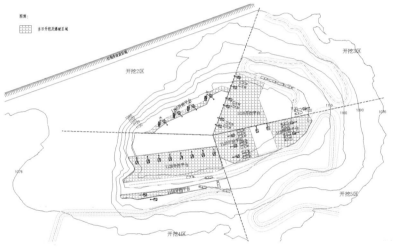

图5 每日系统开挖图

的人员部门较多，咨询服务的时间跨度也大，所以要根据自身业务范围、市场需求、业主需求等进行分析，科学地划分和设置组织层次、管理部门，明确部门职责，建立一个适应咨询业务特点和要求的组织结构。

（二）加强人才引进培养。要引进培养高智能人才，为工程项目提供技术支撑，提升全过程管理能力，加大咨询服务含金量，特别是要注重总咨询师及各专业技术人才培养机制的建立。工程咨询企业除注册工程师外，还需要拥有较多其他专业执业资格的人员，以及高素

质、复合型人才。所以，要加大培养和引进力度，优化人才知识结构，提高工程咨询服务能力。

（三）注重咨询企业信息化建设。全过程工程咨询体系的建设，需要来自BIM技术从下至上的支撑，若不实现将建筑工程信息化语言固化到BIM技术，将很难实现全过程工程管理。全过程工程管理发展规划可以从上至下，但是要想实现其落地，必须从下至上全力扶持BIM技术的发展。同时，综合应用大数据、云平台、物联网、地理信息系统（GIS）等技术，为业主提供增值服务。

（四）强调专业技术能力。全过程工程咨询更适合集咨询、勘察、设计、施工、项目管理等诸多业务板块为一体的大型咨询企业承担，同时应发挥其技术优势，以工程技术和信息化管理为支撑，提高服务水平，这样才能与大型国际咨询企业接轨，为国家重大项目提供技术性服务支持。

（五）全过程工程管理及其咨询服务的发展，需要大量的工程实践探索，需要最大程度地整合技术资源和工作流程，站在全局的高度看待项目。全过程工程咨询体系的建设，要解决建筑工程项目中在项目策划、勘测、规划设计、造价控制、工程监理以及项目金融等方面存在的问题。包括提高策划工作数据采集的效率和分析工作的成效；提高勘察、测量工作的效率和数据准确度，解决数据传递问题；提高工程造价的控制能力，建立造价数据库；提高监理工作效率。

结语

通过EPC试点项目表明，在工程EPC模式下，全过程工程咨询能够涉及项目实施阶段的各个工作环节，达到控制投资成本、缩短项目建设工期、提高各项服务质量、规避各项风险等目的。从项目结果看，项目建造成本大幅降低，项目质量、进度、安全、环境的受控度大大提升。

全过程工程咨询服务水平的提升，离不开专业技术的支撑，同时咨询模式应以总咨询师为核心，各专业技术人才共同组成一体化咨询团队，其中监理发挥组织协调作用，负责各环节工作的衔接。发展全过程工程咨询符合市场需求，必将发展成为工程咨询主流。

浅谈高铁新城基础设施建设工程的项目管理及监理一体化服务管理模式

刘辉

山东同力建设项目管理有限公司

一、高铁新城基础设施建设工程采用项目管理及监理一体化服务管理模式的背景

高铁新城基础设施建设工程项目是淄博市新建高铁北站的配套项目，为济青高铁开通淄博市北站投入运行，以及为完善城市西北部片区城市路网，提升城市档次而建设的大型市政工程项目。整个高铁新城基础设施建设工程规划占地 15.86km^2，分为城市道路工程、综合管廊工程、景观绿化工程及水系工程四大部分。新建道路工程为四纵四横 8 条城市道路，道路总长约 33km；新建 5 条城市综合管廊，总长度约 12.73km；道路两侧景观绿化带约 6×10^{5}m^2；水系工程明渠 8.6km，暗渠 5.6km。项目总投资为 35 亿元，工程从 2017 年 3 月开始实施，计划到 2018 年 12 月全部完工并投入使用，建设总工期 22 个月。

由于该项目建设规模比较大，所有道路及管廊同时施工，十几家施工单位，而且综合管廊项目在淄博市首次建设；济青高铁 2018 年 12 月全线通车，要求高铁北站周边的城市道路网及综合管廊在 2018 年 11 月必须全部完工。工期紧、任务重、难度大，按照传统实施工程监理管理模式是无法完成这项任务的；项目建设方——高新区政府投资工程建设中心决定采用项目管理及监理一体化服务模式，将整个项目分为 3 个标段，委托 3 家项目咨询公司进行项目管理及监理一体化服务。

二、高铁新城基础设施建设工程实施项目管理及监理一体化服务工作的内容

根据《高铁新城基础设施建设工程项目管理及监理一体化服务委托合同》约定，项目管理及监理一体化服务主要工作内容包括：

1. 工程项目招标及采购管理；
2. 工程合同管理；
3. 工程造价控制管理；
4. 工程技术与设计管理；
5. 工程协调及相关手续办理；
6. 工程质量控制管理；
7. 工程进度控制管理；
8. 工程安全、文明施工及环保管理；
9. 工程竣工验收管理；
10. 工程信息与档案管理；
11. 工程监理全部管理工作。

三、项目管理部组织机构、部门岗位职责、人员配置情况

2017 年 2 月，公司成立了高铁新城项目管理部，主要分为项管部、造价部、监理部及综合办公室。根据该项目的性质及工作内容，以及满足项目管理及监理一体化服务工作的需求，项管部下设协调组、技术组、施工管理组、信息档案组等 4 个小组。造价部下设招标合同管理组、造价审核组、采购组等 3 个小组。监理部下设道路工程监理组、管廊工程监理组、绿化景观工程监理组、信息档案资料监理组。

（一）项目管理部组织机构（如图）

（二）各部门及工作小组主要岗位职责

1. 项管部主要岗位职责

编写项目管理规划，制定项目管理目标（进度、质量、安全），协调工程开工准备情况，协助业主办理相关手续，检查施工进展情况，组织项目检查和竣工验收，代表业主处理解决项目实施的有关问题。

1）协调组主要岗位职责

施工区域内所有障碍物清点，协助业主及办事处进行拆迁，协调处理社会综合管线的迁改，参与政府主管部门对工程的检查工作，负责到有关部门办理工程相关手续。

2）技术组主要岗位职责

负责所有施工图纸的登记及发放工作，审核施工单位报送的各种专项施工

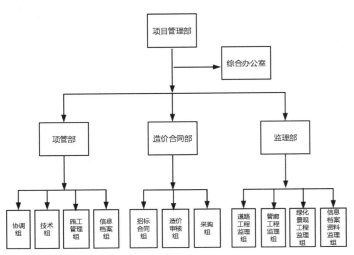

高铁新城项目管理部组织结构图

方案及施工组织设计，及时解决工程的技术问题，联系设计院进行设计变更，登记及发放设计变更文件，优化施工方案，从技术、经济角度提出合理化建议。

3）施工管理组主要岗位职责

制定各项施工管理制度，检查施工现场的进度、质量、安全、文明施工及环保治理情况，对工程存在的问题下发工程指令单，要求施工单位限期整改到位，参加分项、分部工程验收，以及单位工程竣工验收。

4）信息档案组主要岗位职责

对政府有关部门下发的文件进行登记和发放，整理项管部相关技术资料，记录、整理工程会议纪要，对各种文件及时整理、登记及归档，建立文件台账。

2. 造价合同部主要岗位职责

协助业主办理工程招标手续，确定合同文本，办理合同签订流程手续，编制各类合同台账，提出甲供材采购计划并组织实施采购，审核工程预算，审核月度施工进度割算，进行现场签证计量及工程量复核工作。

1）招标合同管理组主要岗位职责

对各项工程招标、评标办法提出咨询意见，起草或审查施工合同文本，组织参与合同谈判，协助委托人签订施工合同并办理相关备案手续，建立各类合同台账。

2）造价审核组主要岗位职责

审核施工图预算，编制年度及重要节点资金使用计划，审核月度工程款支付申请，根据合同要求控制工程款拨付比例，控制工程经济签证。

3）采购组主要岗位职责

编制甲供材及甲定价材料采购计划，组织有关单位进行材料询价，审核施工单位提报的进场采购材料有关证明文件。

3. 监理部主要岗位职责

编制监理规划及实施细则，审查施工单位提报的施工组织设计及专项施工方案，审查施工单位编制的施工进度计划，组织施工材料进场验收，组织检验批、分项、分部工程验收，参加单位工程竣工验收，控制工程进度、质量、安全、文明施工及环保治理相关工作。

1）道路工程监理组主要岗位职责

负责道路工程、雨污水工程、综合管线工程、标志标线及交通照明等工程

的进度、质量、安全、文明施工及环保治理相关工作。

2）管廊工程监理组主要岗位职责

负责管廊主体及安装工程的进度、质量、安全、文明施工及环保治理相关工作。

3）绿化景观工程监理组的主要岗位职责

负责道路中央分隔带及两侧绿化工程，景观工程的进度、质量、安全、文明施工及环保治理相关工作。

4）信息档案资料监理组主要岗位职责

记录并整理工程会议纪要，编制监理周报及监理月报，收集、登记、整理并归档工程技术资料，接受政府有关部门下发的各类工程文件并做好登记及发放工作，建立材料进场验收及试验台账。

（三）项目管理部人员配置情况

根据《高铁新城基础设施建设工程项目管理及监理一体化服务委托合同》关于项管及监理人员配置要求，以及满足工程管理的实际需要，项目管理部具体设置以下人员。

1. 设置项目总负责人1名，负责项目管理部组织机构建立、部门设置及人员安排，负责重大事项的决策。

2. 设置项目经理1人，现场项目管理部负责人，负责项目全面管理工作，组织、协调、调度项目管理部各部门管理工作。

3. 设置技术总工程师1人，负责项目的技术管理工作。

4. 项管部设经理1人，每个小组各设2人，共计9人。

5. 造价合同部设经理1人，每个小组各设1人，共计4人。

6. 监理部设总监理工程师1人，总

监代表 1 人，每个监理组各设 2 人，共计 10 人。

7. 项目管理部综合办公室由项管部信息档案组人员兼任。

整个项目管理部人员共计 26 人，其中高级工程师 5 人、工程师 8 人、助理工程师 4 人、国家注册咨询师 3 人、注册监理工程师 4 人、注册造价师 2 人、注册一级建造师 3 人、二级建造师 2 人、专业监理工程师 4 人。

四、项目实施项目管理及监理一体化服务的特点、难点和重点

（一）高铁新城项目管理特点

1. 工程规模大

该工程包含 8 条城市道路，5 条综合管廊同时施工，东西方向最长道路 6.2km，南北方向最长的道路 3.6km，施工战线比较长，十几家施工单位同时施工。

2. 工程管理的层次多，职能部门多

本项目的管理层次依次为施工单位——监理单位——项管单位——建设中心——规划建设局——管委会。职能部门除了工程部门以外，尚有区审计、区财政、市交投等。多层次和多部门的管理造成程序复杂，影响效率，付款缓慢。一笔工程签证，施工、监理、项管、建设中心、审计部门、财政部门都要签字认可。

3. 征地拆迁任务重

高铁新城整个建设区域涉及 10 个旧村的拆迁，40 多家大小工厂企业搬迁，150 多处大棚、树林需要拆除，以及众多电力、天然气等社会管线的迁改。

（二）高铁新城项目管理难点

1. 道路与管廊施工现场协调难度比较大

虽然管廊在道路一侧的绿化带里，但是管廊基槽开挖比较深，再加上施工道路及工作面，导致半幅道路无法施工，道路与管廊的施工工期都比较紧，只能协调他们进行分段施工。

2. 本项目管理最大难点是拆迁不到位问题

政府拆迁进度慢严重影响施工进度。为了确保工程按期完成，负责拆迁协调工作的项管人员，每天奔波在田间地里、各村居、工厂企业、社会综合管线单位，对项目范围内的拆迁协调、环保治理、社会管线设施迁改方面做了大量工作。其中有两条道路和管廊线位正处在原村居旧路的位置上，拆迁难度非常大，只能拆一段施工一段，经过监理、项管及施工单位共同努力，最终还是按期完成施工任务。

（三）高铁新城项目管理重点

根据济青高铁管理部门的要求，2018 年 12 月 26 日济青高铁全线通车。要求高铁北站周边的路网及管廊工程、绿化景观工程在 12 月 15 日前必须全部完工，达到交付使用标准，这就是高铁新城项目管理的重点。为了确保工期目标完成，项目管理部采取以下措施：

1. 项管部施工管理组为所有道路工程、管廊工程、绿化景观工程各个节点制定完工时间目标，通过项目经理组织各部门经理、总监理工程师共同商讨后，

由监理部通知施工单位排出详细的施工进度计划，监理人员跟踪落实。

2. 项管部协调组把影响工程施工的所有需要拆迁的障碍物，需要迁改的社会综合管线全部列出清单，注明需要拆除的具体时间要求，上报给政府拆迁部门并跟踪落实。

3. 项管部技术组把设计图纸中存在的问题、设计与现场不符的问题以及建设单位需要变更的问题也都列出清单，及时同设计单位沟通解决。对施工单位提出的技术问题及时到现场解决。

4. 造价合同部提前编制项目建设资金需求计划，上报建设单位及财政部门；对每月施工单位提报的工程产值及工程款申请及时审核，确保工程款能够及时拨付到位。

5. 监理部采取事先控制和主动控制的监管措施，及时纠正施工现场存在的质量、进度、安全等问题；采取分层验收、分段验收的方法，协调解决管廊与道路之间施工的矛盾。

项目管理部通过采取有效的管理措施，克服重重困难，在 2018 年 11 月 30 日基本完成高铁新城北站周边路网及综合管廊的施工计划。

参考文献

[1] 建设工程监理规范：GB/T 50319—2013[S]. 北京：中国建筑工业出版社，2014.

[2] 建设工程项目管理规范：GB/T 50326—2017[S]. 北京：中国建筑工业出版社，2018.

打造品质监理，协调推进监理行业转型升级

中国水利水电建设工程咨询北京有限公司

摘　要： 十八大以来，国家对监理行业改革创新发展进行了顶层设计，监理行业迎来了大变革，是机遇也是挑战。监理行业如何实施创新发展和转型升级，本文结合企业发展实际经验，提出以监理标准化和智慧监理打造品质监理，协调推进监理行业转型升级的建议。

习总书记指出"世界处于百年未有之大变局"，对于监理行业来说也走到了必须变革的地步。十八大以来，国家对建筑业改革创新发展进行了顶层设计，也吹响了监理行业改革的号角，是机遇也是挑战。今天我们谈论监理行业的改革创新发展必须在这个大背景下进行。

"品质监理"是监理行业改革的一个突破点，以监理标准化和智慧监理打造品质监理，以品质监理促进品质工程，进而促进监理行业创新发展和转型升级。另一方面，监理行业的转型升级不是孤立存在的，与工程建设组织模式的变革和建筑业国际化进程息息相关，两者需相适应，应总体考虑，协调推进。

本文结合中国水利水电建设工程咨询北京有限公司（以下简称"咨询公司"）监理实践，就监理行业改革话题谈谈个人的看法。

一、咨询公司发展经验交流

咨询公司成立于1985年7月，为中国电建集团北京勘测设计研究院有限公司（简称北京院）的全资子公司，是国内水利水电行业首批工程技术咨询服务企业。咨询公司工程业绩遍布国内28个省区及10多个国家和地区，承担的监理项目已有200多项。所监理工程荣获鲁班奖、国优金奖等国家级奖项7项，获得省市级优质工程奖22项。参与工程设计技术咨询项目近100项，承担和参与咨询审查的大中型水利水电工程近50项，获中国优秀工程咨询成果奖1项。

（一）实施监理标准化，强化企业内部监管

1.严密的组织保障体系

"234"组织模式：2——大中型项目现场监理机构（监理部）采用矩阵式组织结构（图1），实行"纵向策划、横向展开、统一管理、双向控制"的运作方式。对于风电、光伏电站、工民建等小型项目采用直线式组织机构模式。3——在矩阵式监理机构下，分别建立了安全管理体系、质量管理体系、技术管理体系，分别组织实施监理安全、质量、技术等日常管理工作。4——安全管理体系由安全生产行政管理体系、安全生产

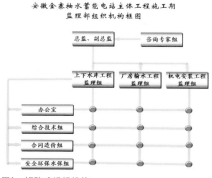

图1　矩阵式组织机构

实施体系、安全生产技术支撑体系、安全生产监督体系等组成。

2.清晰的员工岗位职责

双重职责体系。现场所有监理机构均按照双重职责体系设置岗位职责，即工作岗位职责规范体系和安全职责规范体系（图2），突出安全职责。各级领导岗、部门负责人、专业监理工程师、监理员、后勤人员等每个岗位都有对应的工作职责和安全职责，一岗一清单，有岗就有责，清晰透明，公司自上而下逐级与每个人签订安全责任书。

3.完善的管理制度体系

4类管理制度。现场监理机构在咨询公司制度体系基础上，根据现场实际需要，建立了4类制度体系，一类为监理规划，二类为监理细则，三类为程序性文件，四类为安全类制度（图3）。

4.有效的运行管理机制

1）总监碰头会机制：随机。

2）内部安全例会：每周固定召开。

3）内部质量例会：每周固定召开。

4）业务提升机制：由岗前培训（转岗或新员工）、全体培训、部门培训组成。

5）方案评审机制：重要的施工方案由总监组织各专业监理共同审查。

6）内业检查机制：监理日志、旁站记录、监理台账，由组长每月检查至少1次，每季度由总监组织全面系统地检查。

7）"一岗双责"与质量管理的探索与创新：将监理在现场巡视检查发现的安全隐患跟踪整改，形成问题闭环，采用加分或扣分的量化措施，对每个监理安全履职情况进行综合评价，评价结果应用于员工年终绩效考核，通过激励与考核相结合的方式促进监理人员安全管理责任落实（图4、图5）。

5.标准化范本

为规范监理日志、旁站记录填写，编制了标准化示范文本（图6、图7），从内容、形式上对监理日志、旁站记录填写要求进行规范和明确。

咨询公司在各现场监理机构推行的标准化建设，不是形式，是咨询公司强化内部监管的实招硬招。咨询公司每年初制定检查计划，对各现场监理机构运行情况实施检查，检查结果予以通报并督促整改、闭合。咨询公司的标准化工作实现了现场监理机构的科学管理，提高了管理效率，促进了监理服务质量和水平。

序号	类别	隐患排查加分（每项）	隐患整改加分（每项）
1	脚手架	0.5	0.5
2	安全文明施工	0.2	0.2
3	环水保	0.5	0.5
4	施工用电	0.5	0.5
5	反违章	0.2	0.2
6	施工机具	0.5	0.5
7	交通安全	0.5	0.5
8	警示标志	0.2	0.2
9	地质灾害	5	5
10	爆破作业	5	5
11	消防安全	0.2	0.2
12	职业健康	0.2	0.2
13	起重作业	1	1
14	特种设备	2	2
15	重大事故隐患	10	10

图4 一岗双责积分表

图6 示范本封面

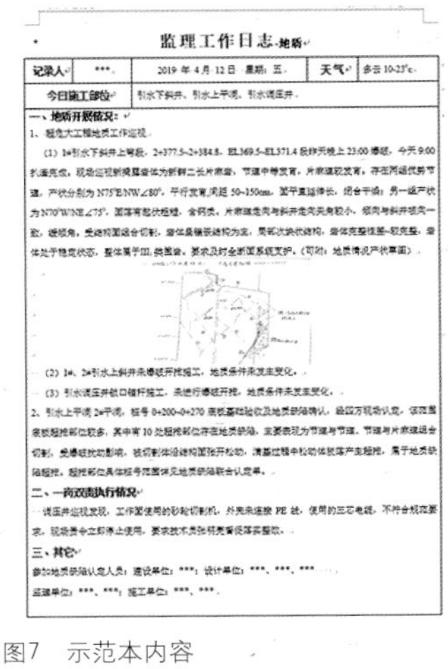

图2 岗位职责和安全职责

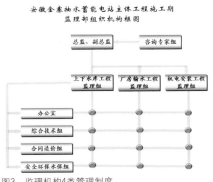

图3 监理机构4类管理制度

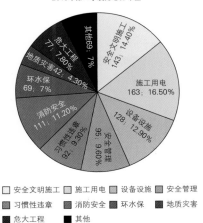

2019年第二季度隐患分布图

图5 一岗双责效果评价

图7 示范本内容

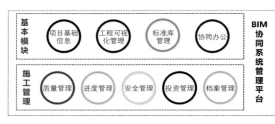

图8　BIM协同系统管理平台框架

图9　斜井开挖工法演示

图10　大坝翻模固坡工法演示

（二）运用智慧监理，提升企业核心竞争力

1. BIM在监理工作中的应用

BIM技术已成为建筑业的大趋势，应用日趋广泛，但是在当前BIM技术发展浪潮中，BIM在监理中的应用却落后于BIM在设计、施工管理中的运用。某种程度上说，BIM成了监理企业创新发展的关键路径，监理企业若不能及时追赶，必将成为改革的牺牲品。

咨询公司及时果断提出了开发BIM构想，于2017年8月立项，2019年2月正式上线试运行。其先期开发依托于安徽金寨抽水蓄能电站工程，主要特点是以监理单位为项目管理主体，为监理工作服务（图8）。

BIM在金寨抽蓄工程近两年的开发运行，已基本成型，初步实现了工程项目全过程信息数字化、信息传递网络化、工程管理标准化等管理目标；通过虚拟实物模型进行进度推演与分析，直观展现工程建设的质量状态，有效辅助工程施工过程模拟和动态管理。下一步将进行轻量化APP（手机端）开发，进一步深化开发（图9、图10）。

2. 数字化、智能化在监理质量控制工作中的应用

水电站建设规模大，施工条件复杂，技术难度大。传统管理手段具有人为干扰大、管理粗放、施工质量难以控制等问题。咨询公司为适应工程管理的数字化、智能化趋势，在"互联网+"背景下，在部分监理项目中，结合监理BIM，引入借助数字化大坝系统，利用GPS/北斗全球定位系统，结合自动控制技术及信息控制技术，实现了对大坝主体工程碾压过程及时高效的远程控制，以及流程管理（图11、图12）。

由于数字化大坝系统受人为干扰少，监控形象直观，采集数据客观真实，施工数据作假嫌疑在先进技术面前无处遁形，成为监理控制的有效措施和手段。

3. 智能化在监理安全控制工作中的应用

人和设备是施工安全控制的核心要素，是动态控制因素，也是比较难以控制的，多数安全事故都是因为人的不安全行为和物的不安全状态导致的。因此如何有效实施对人和设备的控制，是每个工程管理的重难点所在。

为解决这个问题，咨询公司在监理工作中借助引用基建智能管控系统，实现了对监理人员、施工人员和设备信息的实时有效管理。利用手机APP应用系统，将所有人员和设备的基本信息录入APP系统，对其实施动态管控；在安全帽上张贴二维码，随时供他人扫描查看监理人员有关信息；监理要求施工单位将技术方案内容编入二维码，供扫描查看，方便了管理，还减少了纸张浪费，节能环保（图13~图15）。

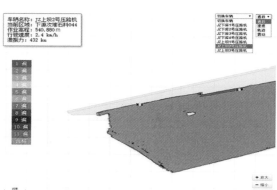

图11　碾压质量监控系统（ICS）

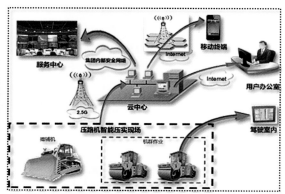

图12　碾压施工实时监控页面

图13　手机APP

智能管控系统实现了监理对施工人员及设备等相关信息的随时查询功能，是风险预控的有效手段，大大降低了安全隐患发生概率，积极作用较为明显和突出。

4.知识型监理

多年来，监理总是给人一种"执法者"的形象，监理的工作就是以法律法规、技术标准、合同、设计等为准绳，对工程建设的符合性进行判别，没有突出监理的服务属性、咨询属性，监理应由"执法"式监理向咨询式监理转变。

咨询公司回归监理本质属性，以知识型监理为导向，在专利开发、QC小组、技术论文方面取得了丰硕成果。使用新型专利"一种混凝土流动性检测装置"和"一种填筑料压实度检测取样装置"提高了试验检测效率和精度。

咨询公司已有多项QC荣获中国质量协会、中国勘察设计协会、中国水利工程协会等优秀质量管理小组荣誉称号，如金寨抽蓄监理部"降低大坝填筑主堆石干密度标准差"获中国水利工程协会2019年优秀QC小组I类奖（图16），"降低陡倾角斜井反导井开挖轴线偏差"获2015年度国家工程建设（勘察设计）QC小组一等奖（图17），"仙居抽水蓄能电站监理QC小组（岩锚梁）"获2013年中国质量协会全国优秀质量管理小组称号（图18）。

《泰安抽水蓄能电站上水库库底土工膜防渗工程质量控制》《高强度引水钢岔管拼装与焊接技术》等高质量论文在水力工程学会文集、中国大坝工程协会、中国建设监理与咨询等期刊上发表。

咨询公司通过运用以信息化、数字化、智能化、知识化为核心要素的智慧监理手段，为业主提供监理增值服务，提升了企业核心竞争力，实现了创新发展，也收获了应有的经济效益和社会效益。

咨询公司组织编制了水利水电、工民建、市政公用、新能源工程等专业《监理实施细则编制范本》《工程施工质量评定标准》，参加编制了《水电水利工程施工监理规范》DL/T 5111—2012、《水电工程建设征地移民安置综合监理规范》NB/T 35038—2014、《水电工程竣工图文件编制规程》NB/T 35083—2016，以及抽水蓄能电站工程项目划分、监理规范、验收评定、达标投产、强制性条文等系列技术标准。

（三）打造品牌效应，拓展服务领域

明确企业发展定位。咨询公司早在1982年便开始承担联合国开发计划署委托的尼泊尔5个小水电工程的施工监理与技术咨询服务，自此开始，咨询公司便立足于施工监理，在水利水电、房屋建筑、市政公用、风力发电、光伏发电、公路工程、综合移民、水土保持、环境保护、机电和金属结构制造、新能源等领域积极拓展业务。公司于2002年开展国内移民综合监理，成为该领域的先驱单位。

图14 安全帽二维码

图15 施工方案二维码

图16 中国水利工程协会优秀QC小组I类奖

图17 国家工程建设（勘察设计）QC小组一等奖

图18 中国质量协会全国优秀质量管理小组

找准目标，突出打造抽水蓄能品牌效应，实施差异化发展。咨询公司监理的已建、在建抽水蓄能电站有 14 个，装机规模达到 1625 万 kW，占国内抽蓄已建在建电站总装机规模的 1/4，在国内大型抽水蓄能电站监理业务领域的市场份额超过 30%，技术水平和管理能力日益成熟，成为国内抽水蓄能电站领域监理的骨干企业。

积极向"上下游"拓展服务领域。咨询成果主要有河流水电规划、编制可行性研究报告、地质勘探、坝址选择、水工设计、厂房及机电设计、高边坡治理、施工图设计、国际招标、标书编制、工程评估等。

二、协调推进监理行业转型升级发展建议

监理行业转型升级发展过程中，应处理好以下关系：

（一）监理体制改革与投融资体制、发承包模式协调推进问题

目前，建筑业多种发展模式并存，投融资体制、发承包模式均在深化改革中，监理服务模式也已经提上改革日程，监理行业去向何处，不能仅由行业自身说了算，要与建筑业其他领域改革协调推进，以适应建筑业改革总体步伐。

（二）全过程工程咨询与专业化协调发展问题

未来监理企业的行业结构要合理布局，在大力发展全过程工程咨询综合性企业的同时，要引导部分监理企业走专业化发展道路，全过程工程咨询要面向国际化，专业化则是更多地满足市场的多样化需求，两者要协调发展。作为监理企业，要根据实际情况，量力而行，切勿盲目跟进，有条件的要积极向全过程工程咨询方向发展。

（三）监理的责、权、利三者之间协调发展问题

监理实践中，监理的权利与责任不匹配，受业主的强势制约，独立性不够，出现"权小责大"倒挂现象。监理企业收费定价不合理，监理行业动力不足。监理的责、权、利三者关系出现失衡，无法有效发挥监理作用，监理的价值得不到社会和业主承认。然从近些年来工程事故调查处理的导向分析，行政手段主导下的调查取向，又一味加大了对监理的处罚力度，其严重程度甚至等同于对施工企业的处罚力度，建设单位的责任在降低，监理沦为"背锅侠"。监理的责、权、利三者关系应由法律进一步合理规范，监理与建设单位、施工单位的责任范围也应由法律作出合理规定。在这方面，监理企业自身要努力争取，监理行业协会等组织，也要利用与有关政府层面的沟通渠道，在制度体制上作推动，以便理顺监理的责、权、利三者关系，激发监理企业动力与创新活力。

（四）协调解决以下几个问题

监理转型升级发展过程中，还要同步协调解决好以下几个具体问题：

1. 发展模式问题。大多数监理企业都以人力密集型、劳务密集型为主，注重施工现场监督管理，忽视了监理是以技术与管理为核心要素的咨询服务属性。

2. 为谁服务的问题。监理受业主委托，为业主服务，也要履行社会责任，监理的服务应该是双向的。实践中，监理均完全受制于业主的制约，看业主的态度行事，丧失了监理应有的独立性。

3. 同质化发展问题。目前中国的监理企业基本上是由科研、高校、设计、施工等单位分化出来的，出生背景虽各不相同，规模与实力大小虽各异，但发展模式都大同小异，同质化发展明显，无法有效满足市场对多样化的需求。

4. 人才储备不足问题。监理地位尴尬，监理人员职业发展通道狭窄，以致高智能人才不愿从事监理工作，高素质、高水平、具有国际视野的复合型人才严重匮乏，核心竞争力不强，成为制约监理行业发展的瓶颈。

5. 监理诚信缺失问题。企业间恶性竞争，非正常低价投标，中标后不按合同约定派遣人员和配置设备；现场监理履职不到位，被形容为"假警察"稻草人"；降低标准实施签字权，等等问题导致监理诚信缺失。

（五）监理改革的紧迫性。相比于其他领域，工程监理行业的改革是滞后的，与市场发展不相适应，因此监理改革具有紧迫性。

以上问题不是一朝一夕形成的，解决这些问题也不能一蹴而就，需总体考虑，系统解决，协调推进，实现有序稳步发展。

工程监理企业开展全过程工程咨询服务的优势与探索

王探春

湖南长顺项目管理有限公司

一、监理企业开展全过程工程咨询服务的必要性

（一）内部需求

现今，监理企业工作主要是在施工阶段开展监理工作，随着监理市场的不断发展，国家改变原来的咨询管理模式，使得建筑行业中的业务不断递减，从而建筑相关企业的生存难度逐渐增大，获得的利润逐渐下降。所以，对监理企业而言拓展新的业务范围，是监理企业生存发展的内部需求。

（二）行业趋势

对于监理企业而言，实际业务单一是其面临的主要问题，当前，在监理机制的不断完善下，监理业务已经没有多大的上升空间。监理行业身为建筑行业的重要组成，主要是为业主进行服务的，但是在建筑行业发展期间，随着业主需求的日益多元化、系统化，监理企业也应该朝着全过程咨询服务方面不断转型。

（三）市场需求

在建筑工程管理中，工期、成本及质量控制是行业发展的重要内容。其中节约成本缩短实际工期是建筑行业发展的主要目标。开展全过程的咨询服务从最初的项目前期一直到项目的结尾，不同阶段紧密连接在一起，能够确保工程更加连贯，进而建立完整的信息链。另外还可以高度整合勘察、设计、招标、造价咨询、监理等相关模块的内部协作，提高实施效率，从而有效减少项目中的费用支出，缩短项目工期，与此同时还可以减少由于沟通问题而导致的失误。

二、监理企业开展全过程工程咨询服务的优势

当前在国家政策的引导下，全过程咨询发展也必将成为行业发展的主要趋势。针对工程咨询企业而言，这是一个新的机遇。和工程咨询领域中的其他企业相比，工程监理企业面对全过程咨询服务转型具有明显的优势。

（一）动力十足

受到历史发展的影响，国内工程咨询企业体制前端是工程勘察、咨询、造价咨询、招标等方面。在当前的设计行业发展影响下，设计人员很少有愿意从事前期项目与过程管理的。EPC 模式在推行期间也很好地印证了这一点。再者，前期咨询、招标代理、造价咨询等业务能力更多地云集在特定专业里面，缺少对全过程的统筹规划能力，比如对于造价咨询企业而言其更擅长进行全过程的造价管控，但是在管理及策划方面缺少相关的经验。

而对于工程监理企业而言，从最初的低端劳务过渡到高端高价值的全过程咨询服务，不仅可以促使行业水平不断提升，还可以一改行业形象，这对于企业发展而言是一个很好的机遇。此外，工程监理企业通过不断延伸自身服务领域，还能获得较高的咨询费用，这对于监理企业提高自身利润，汇集更多优秀人才，带动监理技术人员转型，促进监理工程咨询发展具有重要意义。

（二）人才优势

当前国家大力推进工程总承包与全过程咨询，希望借助一定力量促使二者融合，从而不断提升国内建筑业的整体管理水平。将更多实力强的监理单位云集到一起，不仅可以对招标文件中的施工、设计标准，合同计价、价格调整、材料设备范围、技术参数等进行全面定义，还可以结合业主需求，对勘查、设计、造价、招标、监理等资源进行高效整合，最终为用户提供全过程一体化的项目决策咨询和高度集成化的过程管理服务，促进全过程咨询的开展推广。

（三）先发优势

自项目管理这一概念提出后，很多大型的监理企业借助国家相关政策，通过提供全过程的代建、项目管理等服务，已经进入招标采购、投资咨询、绿色建筑等相关咨询服务领域中，同时具备在工程上下游领域拓展的能力。再者，利

用重组、联合、互补等方法进行全过程工程咨询开展相关的业务合作，可以为全过程咨询服务提供一定的互补。此外，很多大型的监理企业借助这一趋势，能认识到自身的发展局限，改变原有的发展认知，找到新的发展转型路径，建立起集勘察、设计、监理、造价咨询、招标、管理等于一体的综合管理咨询团队，这对于监理企业全面健康发展无疑是十分有益的，因此对于工程监理企业而言，朝着全过程工程咨询服务的方向发展势在必行。

三、全过程工程咨询能力和建设分析

当前业界中仍没有统一全过程工程咨询服务标准、深度，但是咨询阶段的核心已然形成，也就是要秉持公正、科学、合理的准则，让一家综合实力较强的单位或者多家单位构成联合体，合理运用各项知识、经验、管理方法，以便为政府、业主提供更多阶段的工程技术管理服务。

结合当前的政策看，国家提出的关于全过程工程咨询服务标准都是较高的，因此对于开展全过程工程咨询服务的企业而言，也应站在更高的视角，带领行业大步向前。所以，对于国内的工程咨询企业而言有必要改变原有的服务模式，朝着多元化的服务方向转变，以便为业主提供更多更好的服务。另外在工程监理期间，应实现全过程覆盖，并对相应的流程进行合理优化，从而为客户创造更多价值。

工程咨询企业需要结合实际制定适用于全过程咨询的发展战略，同时制定适用于战略发展的组织架构；利用工程

实践建立适于全过程工程咨询服务的专业团队，并对团队人员进行大力培训，提高团队服务能力，集思广益逐步构建企业全过程工程咨询服务管理制度、体系和标准，推进技术研发应用。在此同时应加强信息技术与资源的应用，促使全过程工程咨询服务朝着信息化方向发展，最终完成服务的目标；可以开展一定的试点推广，并建立全过程工程咨询服务相关品牌，从而不断提高自身的影响力；加强国际交流合作，结合国家相关政策，提升自身综合业务能力，促使自身不断朝着国际化方向发展。

四、监理企业开展全过程工程咨询服务探索

（一）咨询内容与施工监理上的转变

监理企业应结合自身条件与基础，明确实际发展方向，进而形成全过程、多元化、全方位的咨询服务，以施工监理为基础，向上游延伸至策划阶段，向下游延伸到缺陷保修阶段。改变原有条块分割的情况，从原有的碎片化向全过程咨询方向前行，充分展现智慧密集型发展趋势。监理企业需要朝多个方向延伸自身服务链。

（二）咨询服务类型与经营资质上的转变

受到历史方面的影响，国内很多传统工程监理单位发展相对较窄，大部分企业云集在施工质量控制与风险防范中，很少向前期设计与勘查阶段延伸，在工程发展中除了施工阶段的业绩外没有其他方面的业绩。这是开展全过程工程咨询的主要弊端。

结合监理企业和工程咨询企业情况，单独让某一企业朝着这一方向发展

存在一定难度，但是可以在全过程咨询前期以联合体的方式拓展市场并积累相关经验。

当积累了大量的经验以后，利用企业并购、合作、重组、参股等方式进行产业链延伸，可以补充自身短板，拓展原有的经营资质，进而使监理工程咨询朝着更宽更深的方向发展，最后实现全方位覆盖。此外，在项目前期论证、项目管理、项目后期评论等建立全过程的咨询服务，可以实现对全寿命周期的资产、进度、质量等目标的控制管理，最后确保监理企业成为行业领域中的主体。

因为房屋建筑领域会在很大程度上受市场的影响，业主更愿意选用总承包的方法，对于市政工程而言，利用政府投资与相关的有利政策，监理企业能在房屋建筑及市政工程中找到新的突破口。

（三）咨询组织结构上的转变

传统监理企业多是以监理人员为中心，在实施全过程工程咨询期间，一定要对原有的组织形式进行改革，实现组织的重塑与裂变。传统的监理服务主要人员包括：总监、总监代表、专业监理工程师、监理员。经过一定的组织裂变后，可以将其划分成三条线路：施工阶段传统的监理线路仍然提供相应的监理服务；项目经理与不同专业工程师构成的咨询线路可根据需要逐一分段进场，然后提供相应的咨询服务；总工及不同领域专家构成的技术线路可以为监理提供一定的技术支持。在组织裂变期间，还要开展组织重塑，对原有的三条线路及技术资源进行整合，加强不同专业的技术人员交流与沟通，促使组织结构重塑裂变。

智慧化服务在燃气电厂工程管理中的应用实践

高来先　张永炘　黄伟文　李佳祺　林冲

广东创成建设监理咨询有限公司

摘　要： 针对燃气电厂工程环境复杂、安全管理风险大、施工人员数量多而且流动性大的管控难点，建立智慧工地管理系统进行安全管理、人员管理、进度管理、监控指挥，通过前端智慧化设备现场实时采集的数据及后台智慧工地管理系统分析，实现工程管理信息化、在线化、智慧化，提升工程管理效率。

关键词： 智慧化；智慧工地；工程管理；燃气电厂

前言

海南文昌燃气—蒸汽联合循环电厂建设是海南省"十三五"能源和电力规划的重点项目，本期建造 2 台 460MW 的 9F 级燃气机组，全厂占地面积 291700m²，围墙内占地面积 88300m²，厂区共建（构）32 座设备设施（图 1）。

本工程建设规模较大，施工环境复杂，涉及专业多，交叉施工多，有比较突出的危大工程，项目安全管理难度大；同时在场的施工人员多，施工人员的流动性大，人员管控难度大；建设工期短，进度管控要求高，因此在本工程建立智慧工地管理系统进行安全管理、人员管理、进度管理、监控指挥，通过前端智慧化设备现场实时采集的数据及后台智慧工地管理系统分析，实现工程管理信息化、在线化、智慧化，以提升工程管理效率。

一、智慧工地管理系统整体架构

智慧工地管理系统综合应用"云、大、物、移、智"等数字化技术手段，设计为包含感知层、通信层、应用层、平台层的 4 层结构，推动数据资源高效整合共享，实现"人、机、物"三方实时联动，有效提高项目管理水平（图 2）。

（一）感知层通过智慧工地现场各类传感器、控制设备及监控终端，实现对工地现场各类信息的传感、采集、识别、控制。

（二）通信层采用光纤宽带结合移动网络多种通信方式，建立数据流管控，实现数据流交互管控输送功能，为系统各项应用功能提供支撑。

（三）平台层由云平台或集中部署的服务器节点组成，应能支持多级云调用，实现智慧工地管控平台各种信息数据的汇总、分析和处理，作为项目管理的数据中心，为各项管理工作的具体应用提供支撑。

（四）应用层主要服务一线管理人员，提供各种应用功能，解决管理人员日常繁重工作，实现数据挖掘、展示和

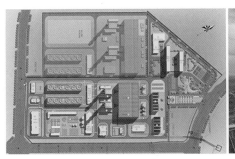

图1　海南文昌燃气—蒸汽联合循环电厂平面图与全景图

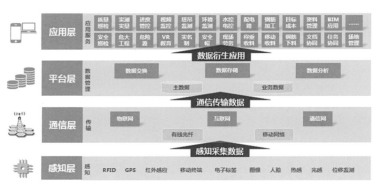

图2　智慧工地管理系统架构

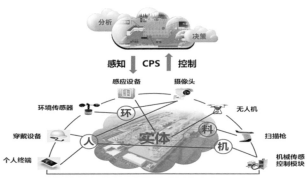

图3　智慧工地物联网工地部署图

辅助决策，项目管理人员的管理工作主要基于应用层开展。

基于上述架构层级，在本工程工地布置摄像头、智能安全帽、人脸识别门禁等感知设备，采集项目管理关键要素数据信息，输至系统进行数据分析处理，并上传分析统计结果反馈至管理人员，辅助项目管理决策（图3）。

二、智慧工地管理系统的应用内容

（一）智慧化安全管理

采用智能违章识别、智能安全巡检、智能危大工程管控等智慧化技术进行安全管理。

1. 智能违章识别

现场布置了视频监控子系统，结合BIM技术制作电厂三维场地模型，实现监控点摄像头与三维模型的关联，对工地各区的关键要害部位、重点区域等现场情况进行24小时实时在线监控，随时查看记录，解决了施工现场问题回溯难、人员监管成本高的难题（图4）。

此外，系统通过智能算法自动识别并抓拍违章行为，将管理人员从查看视频发现违章行为的烦琐工作中解放出来。通过云计算分析，将视频监控数据连至云端，

结合AI技术智能算法，分析施工现场不戴安全帽、不穿反光服等违章行为，并自动抓拍存档（图5）。通过视频监控智能违章识别，节省大量人力成本，及时纠正违章行为，及时消除安全隐患，保障人员安全，提高安全监管水平。

2. 智能安全巡检

现场通过安全巡检子系统手机应用（图6）对发现的安全问题及时上传，跟踪整改情况，推送定期巡检计划，以便有针对性地重点整改，规范现场作业模式，提高安全管理效率。

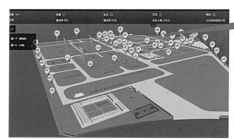

图4　在线视频监控

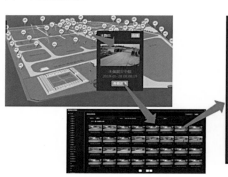

图5　智能违章识别

3. 智能危大工程管控

项目实施了全方位的危大工程管控，编制燃气电厂项目的危大工程清单，对危大工程进行了全面辨识，从方案审批到实施完成各环节进行全过程跟踪管控，结合二维码技术，查询危大工程信息、填报巡检记录，确保危大工程处于受控稳定状态。

（二）智慧化人员管理

采用基于人脸识别的劳务管理、基于智能安全帽的人员定位管理等智慧化技术进行人员管理。

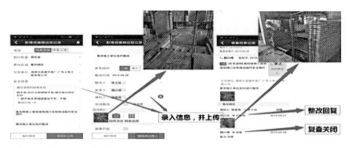

图6　安全巡检闭环管理

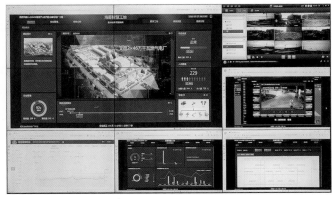

图7　智能安全帽人员定位管理

1. 基于人脸识别的劳务管理

应用劳务实名制管理子系统，采取人脸识别门禁控制人员进出，自动统计在场工种人数，记录汇总各工种进场人数，及时发现人力资源不足问题，辅助进行进度管理。

劳务管理子系统通过身份证实名认证管理，集成人脸识别设备、门禁设备及信息管控系统，实现了实名制出入管理、考勤自动统计。系统端对特种作业人员持证情况、安全教育培训记录进行统一管理，有效避免了特种作业人员无证上岗情形。

2. 基于智能安全帽的人员定位管理

采用基于安全帽的人员定位管理技术，能及时有效掌握各施工区域的人员分布情况（图7），根据在不同施工区域、不同施工进度科学地匹配各类工种，有效调整劳动力资源分布，最大程度发挥劳动力资源的效用，同时防止关键工序滞后影响整体工期。

（三）智慧化进度管理

采用斑马网路计划及P6（项目管理软件，Primavera 6.0）软件进行进度管理。通过斑马网路计划软件绘制本工程的双代号网络图，结合P6项目管理软件编制了详细进度计划横道图，综合优化理清关键路线，应用双代号网络图＋横道图＋关键线路＋前锋线开展动态进度管控，实时反应各工序的提前、滞后情况。

（四）智慧化监控指挥

通过智慧工地管理系统集成管控平台，将现场各专业管理子系统和智能硬件集成统一，将产生的数据汇总形成数据中心，在监控指挥中心进行统一呈现（图8），对异常情况实时预警，提升了项目综合管理的效率。可通过网页端或手机应用便捷掌握项目信息，了解项目建设情况，远程参与项目管理，大幅提高各级管理人员的管控效率。

三、成果及展望

项目应用智慧工地管理系统提升了工程管理效率，促进了项目安全、高效、有序推进，保障了工程建设平稳进行，实现了工程既定进度目标，创造了燃气电厂项目14个月投产首台机组的历史记录。

海南文昌燃气——蒸汽联合循环电厂开展智慧化服务应用实践，为推进智慧化的全过程工程咨询服务积累了宝贵的经验，奠定了发展基础。公司亦在研究智慧化深基坑监测与智慧化现场临时用电监测，以及通过分析人员行为智能识别人的不安全状态、以人力资源为主线分析进度执行情况等。总而言之，智慧化技术在工程建设领域的研究前景仍然十分广阔。

参考文献

[1] 高来先，张永炘，黄伟文，等．基于BIM技术的变电站工程项目管理应用实践[J].中国建设监理与咨询，2016.
[2] 高来先，张永炘，李佳祺，等．基于BIM技术的送电线路大跨越高塔工程施工应用[C].第三届全国BIM学术会议论文集，上海，2017.
[3] 李佳祺，高来先，张永炘，等．智慧工地在电缆隧道工程中的应用实践[C].第四届全国BIM学术会议论文集．合肥，2018.
[4] 张永炘，高来先，黄伟文，等．基于新型智能监测手段的电力竖井结构施工应用实践[C].第五届全国BIM学术会议论文集．北京：中国建筑工业出版社，2019.
[5] 温如冰．智慧工地系统在建筑施工过程中的应用探究[J].建材与装饰，2020（01）：42-43.
[6] 王要武，吴宇迪．智慧建设及其支持体系研究[J].土木工程学报，2012（45）：241-244.

图8　智慧工地集成平台

监理企业的信息化管理创新探讨

浙江江南工程管理股份有限公司

摘　要：监理企业向全过程工程咨询转型升级过程中，信息化管理手段是重要的创新管理、提升效率的工具。浙江江南工程管理股份有限公司通过信息系统建设，整合公司的管理需求及业主的服务需求，采用模块化、标准化运营模式，在现场信息化管理及数据智能化应用等方面进行尝试，以实现大型监理企业的高效管控，体现信息技术在企业运营、生产、管理、服务各方面实践中的应用价值。

关键词：信息化管理；BIM全过程工程咨询；监理企业

一、监理企业信息化发展的特点

当前，新一轮科技革命和产业变革加速演进，数字经济、技术创新、在线政务等各行各业的信息技术突破，也带来了传统建筑行业数字化变革的浪潮。起步于20世纪80年代的工程监理行业，在信息化管理和智慧化服务方面的发展进程中，不可避免地带着工程咨询行业烙印。

（一）工程咨询企业的信息化道路，不同于制造业工艺相对单一、地域集中，工程建设领域具有产品单一、不可重复等特点，同时监理企业正在经历向全过程工程咨询转型升级的历史拐点，这决定了工程咨询服务体系必然要面对客户的差异化需求。

（二）项目监理机构要提供驻场服务，基层员工分散；大型监理企业全国性市场布局带来的地域距离，决定了监理企业的信息化管理手段对远程管理的即时性、协同性有较高的需求。

（三）不同于生猛活跃的互联网企业，其员工年龄、文化背景均很接近；建筑行业整体信息化程度不高，监理行业面对各年龄段的员工，综合素质参差不齐、信息化应用水平不一，信息化管理理念、信息技术服务模式的推进，都存在阻碍。

综上，监理企业信息化管理的实施，应综合考虑企业自身管理及客户需求，顶层设计整体架构，模块化的同时考虑差异化，并充分重视信息化工具的易用性、体验感，才有可能逐步推广，实现数智化管理。

二、信息化建设实施路径

浙江江南工程管理股份有限公司（以下简称，江南管理）随着业务的拓展，从2003年开始进行信息化建设，至今主要经过了三个阶段：

（一）单业务应用的初级阶段（2003~2009年）：实现了信息化系统从无到有，搭建了公司内部管理系统及邮件系统，实现了最初生产经营管理需求的基本功能模块及部门效率的提升，但因各部门之间信息未打通，信息孤岛依然存在。

（二）跨业务整合阶段（2010~2016年）：基于企业价值链，打破部门界限，通过系统整合实现业务的协同和标准化协作，为满足快速扩张带来的远程即时通信需求，搭建了视频会议系统，此阶段积累了公司运营及生产的基础数据，明确了后续信息化发展方向。

（三）数字化建设阶段（2017 年至今）：以系统改造升级为主，更关注于信息化与公司管理需求的深度融合，启动数据与流程双引擎，引进云计算、物联网等新技术推动架构升级，探索运营和服务的新模式。

三、信息化建设主要成效

从 2003 年开始的信息化建设，经过 2010 平台换版，到 2017 年启动数智化管理，江南公司在信息数字化、系统结构化、管理智能化并行的道路上探索前进，除基础的办公自动化组件之外，目前主要的信息化管理手段及成效包括以下方面：

（一）企业数智化管理

1. 核心生产要素管理

在过去 20 多年的基础建设高潮中，人力资源始终是工程咨询企业的发展瓶颈和管理核心，基于 2005 年成立的江南管理学院，公司信息化平台在人力资源管理模块基础上，定制开发了培训计划、台账、评价一体化，课程视频学习，知识地图，研究中心管理及成果分享等模块，结合人才梯队建设制度，进行骨干员工的选、拔、用、留。

在形成相对稳定的骨干团队基础上，通过"云后台"系统整合骨干、专家资源，分析项目实施关键节点，根据差异化的项目业主需求，提供定制化服务，提高整体服务质量。

基于企业微信，搭建公司级的即时通信平台，通过与办公自动化（OA）同步的组织架构，保证参与群、会议、直播中的员工权限及信息安全，保证远程培训及服务的无障碍对接。在"新冠"疫情期间，组织了"每日一课"活动，内部员工收看人次上万，单次最高收看人数达到 2733 人。

上述应用，从公司管理需求出发，结合网页端、移动端逐步完善，达到培养人才、采集数据、持续跟进、发展后台的功能。

2. 构建公司"数智化平台"

数智化平台以公司管理系统及报表系统为核心，整合各类系统数据覆盖公司管理线，以数据驱动，梳理内部管理流线，提高公司的管理效率，其核心关注数据价值、信息的智能化服务。该平台集 OA 系统、人力资源系统、项目管理业务系统、报表系统、报销管理系统等功能于一体，充分打通了企业信息孤岛，同时通过对数据、信息的深度整合，为使用人员在工作的各个环节提供智能化的信息支撑和决策支持，充分发挥数据的价值，实现数据一次录入，多层次利用，对多头数据进行有效提炼，不仅满足精细化管理需求，也能为决策提供简练高效的数据分析支撑。

通过数智化平台，统一信息源、统计源，公司能实时抓取项目运行状态，并整合异构数据，包括项目的现场巡检状态、人员出勤状态等，提炼关键管控指标，对项目实现质量、安全、进度、信息的全方位管控，加强了公司对项目服务状态的监控。公司六大事业部、32 个分公司，其经营生产运营情况、指标完成情况、资源协同配合、生产管控实况同步更新，将现场管理进行指标化、图形化展示，使项目关键指标实现智能化管控提醒以辅助企业管理。

（二）基于全过程工程咨询的数字化服务

2017 年住建部开始试行全过程工程咨询模式，监理企业在向全过程工程咨询转型的过程中，信息化在辅助现场监理、全过程工程咨询服务中得到更多应用。

1. "江南 E 行"

"江南 E 行"手机巡检是基于企业微信平台及移动技术开发的现场监理工作协同平台，用于项目施工过程记录，实现现场监理工作信息化、项目数据汇总。系统实现重要工序的监理工作标准化分解和记录，包括巡视、问题发现及闭合、验收等工作，同时对项目巡检记录及问题处理实现共享，创造协同的工作场景。在此基础上生成的日报，实质上等同于监理日记，可辅助项目负责人、建设单位及时掌控项目监理情况，提高了信息传达的及时性和准确性。

在系统后台，巡检数据将与标准化的项目管理结构框架进行绑定，实现对项目质量的细化分析和智能结果评判，形成项目级质量管控台账，极大提高了项目现场整体质量管理的能力。

以 2020 年公司安全月活动为例，受新冠疫情影响，无法组织大规模现场巡查考核。公司总部借助"江南 E 行"系统"线上考核"的模式开展安全生产月活动检查，根据统计，每日上传现场安全监理巡查记录 1000 余条，有效保障项目施工现场的安全管理处于受控状态。

2. 数据集成系统（DIS）

数据集成系统基于二维码技术及移动化技术开发，用于项目展示及现场工作指导。采用地图信标模式，在项目平面图上展示标识的信息点信息，图文并茂地标识材料构配件信息、工艺工法信息、现场管理要点信息等，通过对各项目展示库的后台数据抓取，形成电子样板库、材料设备信息库等，在现场通过二维码实现分享，指导现场监理工作，方便易用。

与传统的图纸相比，DIS发挥了资深现场监理人员的技术特长，将个人经验转化为共享指南，且信息翔实、图文并茂，通过现场二维码可随时随地开展监理管控要求的技术交底，消除监理人员因技术水平参差不齐导致的现场管理服务差异。公司的标准展示库进一步简化项目部维护工作，快速统一全公司技术人员的技术要求，传播成本低，学习方式简单，避免同一技术专题培训重复投入。

3. BIM咨询服务

江南管理从2012年启动BIM咨询工作，在参与的各类全过程工程咨询、监理项目中开展BIM应用咨询工作。深圳作为高质量发展的先行示范区，BIM技术在工程建设过程中的推进一直处于领先地位，公司参与的中山大学深圳校区、深圳大学西丽校区、新华医院项目群等全过程工程咨询项目中BIM技术应用贯穿于全生命周期。

1）中山大学·深圳建设项目（一期）

中山大学·深圳建设项目采用全过程工程咨询模式，江南管理负责BIM管理，按照业主单位住宅工程管理站和项目使用方中山大学的管理目标与BIM应用需求，在设计单位、施工单位、BIM咨询单位招标阶段，提出"项目BIM实施要求"，明确合同义务，提出BIM实施规划，对项目实施过程中设计、施工阶段BIM应用目标进行阶段拆分，确定应用内容、深度、成果交付等要求。全过程咨询工作过程中，BIM应用主要如下：

中山大学·深圳建设项目（一期）属于园区级项目群，BIM管理团队应用BIM技术在建设各阶段获得良好成效：

（1）一模多用进行方案优化、边坡、基坑等设计优化，创造了良好的经济效益。

（2）临时设施、场地整体布置搭建BIM模型优化方案并进行专业设计。

（3）施工过程中采用智慧工地平台，结合BIM+GIS，进行现场BIM 5D及施工过程全面管控。

（4）应用总体目标确定、阶段应用目标分解、过程BIM应用、平台化信息流转、智慧工地应用等方式，实现BIM技术与工程实际密切结合，确保BIM价值的落地应用，使项目成为深圳市工务署辖下从规划设计、施工建造到运营管理全过程BIM应用的示范和验证项目。

（5）"基于BIM技术的智慧管理体系在中山大学·深圳建设工程项目的应用"获得2019年第十八届龙图杯全国BIM大赛一等奖。

2）深圳大学西丽校区建设工程项目（二期）

深圳大学西丽校区建设工程项目（二期）单体建筑数量多，使用功能差异较大；涉及专业众多，设计难度高；项目建设区域地形复杂，地势高低落差大，依山而建，有多处高边坡、深基坑。BIM应用在设计阶段主要进行设计方案对比及优化，提前发现设计盲点、不合理点，集成方案设计信息归档管理，形成记录报告文件，提出相应优化解决方案。施工阶段则通过BIM 5D、BIM施工管理平台、智慧工地等技术，对施工现场的人员、设备、环境、安全、文明施工等环节进行信息化、科学化、智能化的全过程管理，主要应用点在场地规划分析、道路交通优化、地下管线综合分析，优化临设搭建、物料堆放、机械设备、道路交通等规划布置，正确处理施工期间所需各项设施和永久建筑、拟建工程之间的关系，提前预知可能导致施工过程中会引发的问题，提出解决方案。BIM应用主要如下：

解决施工现场沟通及信息共享不及时，促进管理制度实时落地，实现施工现场的智能化建造。

深圳大学西丽校区项目，在全过程工程咨询实施过程中全面采用BIM技术，

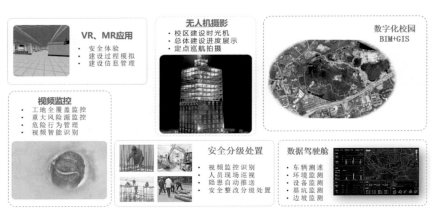

BIM+智慧工地应用

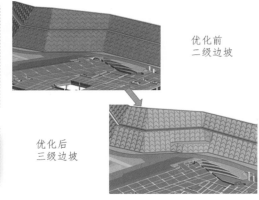

边坡方案优化

在 BIM 管理模式、BIM 平台初始化、数据维护、成果评审等方面提供咨询管理服务，取得了较好成效，有效辅助了项目管理目标的达成和过程管控的优化：

（1）利用项目管理平台应用，使用 BIM 模型实施信息化管理，实现数字资产积累，为智慧运维提供数据基础。

（2）BIM 景观及装修方案模拟，利用 VR 技术创建交互式的三维动态仿真体验，快速确认方案，降低沟通成本；结构预留、机电综合管线排布出图辅助指导现场施工，避免返工，提高机电安装效率。

（3）通过 BIM 技术对项目的全过程交叉施工进行模拟，保证施工进度，提高组织效率，节约项目工期约 25 日历日。减少变更，间接缩短建设周期，严格控制项目成本，节约项目成本约 150 万元。

（4）平台及"BIM+"应用：BIM 技术与无人机、互联网、VR 等技术有机结合，助力现场施工安全管理、施工质量管理。

结语

信息化技术始终只是手段，要达到智能化管理，数字化转型只是第一步，与传统监理方式相比，数字化转型能实现现场监理工作数据积累，要实现深度数据挖掘，提取和利用更多信息，体现信息系统管理价值，还需要持续的管理模式创新及技术水平提高，为日后 AI 智能化管理的发展奠定基础，借助大数据分析工具的探索及应用，移动化、图形化的展示，快速轻盈地为企业决策提供支持。

新形势下，人工智能、大数据、物联网等新技术、新应用、新业态方兴未艾，监理企业信息化管理及智能化服务必将迎来更加强劲的发展动能和更加广阔的发展空间。

施工现场工序及工艺交底

智慧工地指挥中心

第10期全景球

第20期全景球

第28期全景球

无人机现场管理

5G时代下监理智能服务管理应用的探索

杨歆

岳阳长岭炼化方元建设监理咨询有限公司

引言

中华人民共和国成立70年来，建筑行业的发展取得了辉煌成就，监理行业对促进建筑行业健康发展和提高工程质量水平做出了巨大贡献。作为一项技术服务行业，正是由于其科学性、服务性和公平性而备受瞩目。监理水平的高低与监理从业人员专业素质密不可分。同时监理企业项目分散，不利于企业的专业培训和人员管理。出于成本考虑和高素质人才不足，部分监理企业大多奉行"放任自流"式的管理，待现场发生重大质量安全问题或事故后再进行"亡羊补牢"，最终导致了人们对监理的低估，甚至是丑化。

随着5G时代来临，各行各业一直在积极探索5G如何使行业转型升级[1]。5G是未来无线通信的重大革命，也是新的信息通信的主要发展方向。与现有的2G、3G、4G技术相较有本质上的不同，主要在于：第一，通过提高数据流量的超密集异构网络，大大提升了传输速度，使得大容量数据传输只在分秒之间。第二，通过建立智能虚拟网络的内容分发网络，改变了以往网络堵塞时的"尴尬"，使得自主高清晰视频交流成为可能。第三，通过机器对机器、人

与机器间以及移动网络和机器之间的通信——M2M通信，在智能制造、安全监测、智慧工地、环境监测等领域实现了商业化应用[2、3]。正是由于以上5G技术的突出优势，通过超密集异构网络，大大缩短了监理企业与项目部的信息距离，使实时交流、信息沟通成为可能；通过内容分发网络，在一线监理人员发现棘手问题时，使企业或其余项目部高素质专家进行多方确认、会商成为可能；通过M2M通信，再配备手机定位、视频监控、无人机、VR、投影设备等工具，使项目部监理人员考勤、关键部位关键节点的管理、监理人员培训等成为可能[4~6]。通过这一系列的功能，岳阳长岭炼化方元建设监理咨询有限公司与广东世纪信通网络科技有限公司共同构筑一套基于监理企业的综合管理企业平台。该平台以项目监理工作为主线，划分企业各管理职能部室、现场项目监理部两个层面，通过两层面间和各自层面内部的信息传输，让监理工作实现精简化、系统化、科学化、数据直观化。并加强了企业与各项目部间的联系。结合现有工作中的应用，将企业管理平台的模块内容进行分享，希望能够为行业信息化、智能化发展提供参考依据。

一、监理综合管理企业平台的简述

通过公司多年企业自身发展、实践中遇到的问题以及与参建各方的回访、交流，总结出以下工作管理难点及其管理平台解决方案（表1）。

根据上述管理平台解决方案，利用互联网络及4G手机，开发综合管理企业平台及其配套手机APP软件，最终实现现场监理活动记录及企业与个人之间信息化、智能化管理。

二、综合管理企业平台主要结构与功能

综合管理平台主要划分为企业各管理职能部室、现场项目监理部两个层面，相互之间信息流如图1所示，其主要功能包括项目固定资产及检测仪器申请、项目用印申请、云学堂、专家视频授课会诊、人员考勤、标准库查询、问题库构筑查询、风险汇总、公司巡查问题及关闭等。

（一）管理层与一线工作层间主要功能

1. 问题库的构筑及查询

监理现场服务中所遇到的各种问题及解决方案对于企业来说是一种无形资

工作管理难点及其管理平台解决方案　　　　表1

工作管理中的难点	管理平台解决方案
现场仅发现问题，缺乏对问题的关闭	建立问题库的收集及关闭预警提醒功能，并于手机APP关联做到实时提醒
现场工作冗余重复，将监理人员绑在了"电脑"前，每天进行巡视、验收旁站、平行检验记录填写，还需要在日记、日志中再次填写汇总	利用手机APP及网络，使监理人员在现场就能够通过"碎片时间"完成记录填写，并与日记、日志关联同步生成
巡视、验收旁站、平行检验记录等表格式样五花八门	通过平台统一电子表格
标准规范查询阅读难，无法实现随要随开	打造企业法律法规、标准规范库，通过手机关联实现随要开随看
项目部较多，人员分散，员工培训有名无实	利用云学堂、视频授课等网络方法进行人员培训
项目仪器借用、设备用印申请周期较长	利用现场平台网上发起申请，公司各部室直接办理
企业对现场成本无法有效控制，浪费严重	固定资产办理及费用申请均在网上办理，实现了项目成本量化，并可事前控制
项目分散，人员考勤难	通过手机定位功能，实现现场打卡考勤

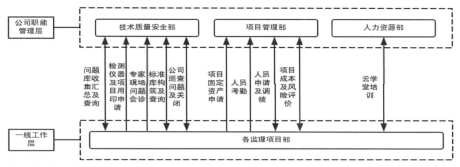

图1　综合管理平台结构图（层面间）

产。通过对一线工作层中各种问题及解决方案的收集、归类汇总，最终形成问题库。一方面，可以利用问题库为监理大纲中重难点分析及解决方案的编写，提供最全面、最可靠的支持。另一方面，如果发现类似问题，可以给一线工作层提供指导，提高现场服务质量。

2. 检测仪器及项目用印申请

以往检测仪器及项目用印的申请多为纸质文件或电话沟通，对于检测仪器状态和用印多为被动、不可控的，造成了申请周期较长。利用管理平台，由一线工作层提出申请，一方面可以利用平台督促功能，提高办事效率；另一方面可以让一线工作层了解各检测仪器使用情况，以便及时调节借用仪器规格。

3. 专家现场问题会诊

在一线工作层遇到棘手问题需要求助于监理公司专家库成员时，可以利用手机APP、投影成像等技术实现专家现场勘查，各方视频会议讨论，高效、优质地解决重难点问题，以提高建设单位对监理水平的认可。

4. 标准库的建构及查询

标准库是由监理公司将现行有效的法律、法规、标准、规范、图集等常用文件电子版本进行收集汇总，并对其有效性进行实时更新，为现场监理服务提供有效依据。同时一线工作层各监理人员可随时搜索查询，有效地提升了现场监理人员专业水平。

5. 公司巡查问题及关闭

公司巡查一方面可以提升各项目监理部服务质量和专业水平，另一方面可以与各方进行沟通、回访，进而找到不足之处以便持续改进。针对发现的问题，

利用综合管理平台能够实现通报及督促关闭改进。

6. 项目固定资产的申请及项目成本、风险评估

项目实施过程中车辆、家用电器、办公电脑、租房等成本占据监理企业成本的很大一部分。如何有效控制成本是各大监理公司所遇到的大难题。综合管理平台中项目固定资产的申请，能够将成本计算由发生事后统计变成事前核算审批，为控制项目成本提供有效的手段。

7. 人员考勤及人员申请调离

一线工作层的各监理人员通过手机APP的定位打卡功能，在固定时间和地点下进行打卡及签退。可以让监理公司实时掌握人员的到岗、离岗信息。

8. 云学堂培训

如何有效地开展人员培训一直是各监理公司的另一大难题，由于项目分散无法有效地将人员进行组织。通过综合管理平台中的云学堂功能，建构公司层级、项目层级、个人层级三大层级培训（各层级培训内容如图2），让一线工作层的各监理人员通过手机APP中的云学堂培训，利用"碎片"时间进行自我提升。同时公司也可以利用软件了解每位员工的培训进度，以便督促各监理人员提高自身服务专业水平。

（二）一线工作层内部主要功能

一线工作层主要应用于各监理人员日常工作中，通过手机APP终端完成对巡视、验收、平行检验、旁站内容数据信息（视频、照片）的收集、记录，相关数据内容信息通过数据库能够自动关联到个人监理日记中，大大减少了冗余工作。同时项目监理日志可以再次对个人监理日记中的信息进行汇总，形成当天日志。同时综合管理平台可以将各类问题进行

收集，汇至公司的问题库中，将各种影像资料进行收集，形成企业图片库。以下是具体信息数据链关联图（图3）。

三、综合管理企业平台应用

（一）实现现场监理服务工作方便便捷

通过手机 APP 移动终端与综合管理平台的应用，使得监理人员可以利用"碎片"时间对记录信息进行录入，最终通过管理平台的 PC 端一方面可以输出可存档的纸质记录；另一方面通过数据链的管理，自动生成监理日记、项目日志、通知单、联系单等。大大减少了监理工程师的重复工作，为其工作提供了便捷。

（二）确保监理文件的统一标准化

通过综合管理平台内部的统一格式，将现场监理工作中的各个信息进行收集，并以信息链的方式汇集到格式的指定位置。最终实现了监理文件的统一标准化。

（三）提高监理人员责任心及执行力

通过综合管理平台收集问题的预警提示功能，一方面可以督促项目监理部人员对所发现问题及时反馈，对问题的整改情况及时确认；另一方面可以督促各职能部室对项目监理部提交的申请及时进行回复处理。进而大大提升现场监理人员的责任心和企业的执行力。

（四）通过问题库、图片库及云学堂培训，形成企业核心竞争力

通过问题库，一方面可以为现场监理服务提供指导；另一方面可以为监理投标技术标编制提供参考。通过图片库及云学堂培训，一方面可以大大提升监理人员的专业素质；另一方面，通过影像资料收集和培训讲义的积累，最终形成企业的无形资产。两者最终汇聚成企业独一无二的核心竞争力。

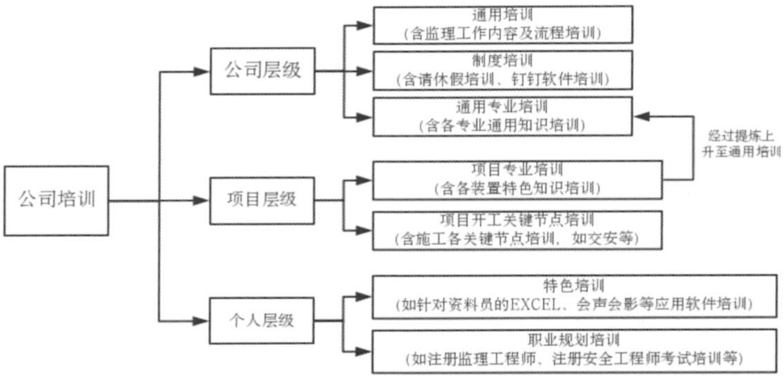

结语

综合管理平台是一种监理企业级工作信息化软件。目前公司与广东世纪信通网络科技有限公司已完成了企业与一线工作两层级间的平台建立，正在开发一线工作层内部主要功能。随着 5G 时代的来临，可以得出结论：综合管理平台和监理信息化智能服务密不可分，将广泛应用于监理企业信息化、标准化建设和智慧工地构筑。

参考文献

[1] 舒文琼 .5G 改变社会从赋能千行百业开始 [J]. 通信世界，2019 (18)：18-19.
[2] 杨明熬 .5G 网络技术初探与展望 [J]. 电子制作，2019 (14)：70-71+81.
[3] 喻国明 .5G 时代的传播发展：拐点、挑战、机遇与使命 [J]. 传媒观察，2019 (07)：5-7.
[4] 袁松 . 信息化建设中信息系统工程监理的作用研究 [J]. 数字技术与应用，2019, 37 (03)：61-62.
[5] 佘维东 . 浅谈建筑施工监理信息化应用不足与发展策略 [J]. 居舍，2018 (21)：17.
[6] 李军 . 工程建设监理企业信息化管理系统设计与应用 [J]. 居业，2018 (07)：89+91.

图2　各层级培训内容

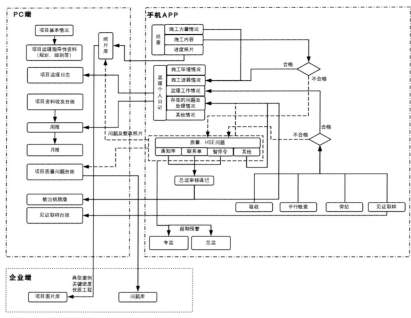

图3　一线工作层综合管理平台具体信息数据链关联图

吉林梦溪大连恒力项目如何实现监理工作有价值

吉林梦溪工程管理有限公司

摘　要： 大连恒力石化2000万t/年炼化一体化项目由于工期紧、分包单位多、高度交叉作业、安全管理风险大，吉林梦溪公司大连恒力项目经理部作为现场7家监理单位之一，如何更充分发挥好监理的作用，体现梦溪品牌的价值，确保项目执行平稳、受控，实现装置一次性中交、一次性投产，显得十分重要。本文试通过阐述项目经理部全面推行"一个平台两个抓手"，强化质量、安全等监管措施，体现出监理工作的有形化、可量化、有价值、可感知。

关键词： 吉林梦溪；恒力项目；严格管理；隐患辨识；监理价值

一、项目基本情况

（一）恒力石化项目概况

恒力石化（大连）在大连长兴岛临港工业区西端海边全面启动建设2000万t/年炼化一体化项目，该项目是国家核准的首个大型民营炼化一体化项目、振兴东北老工业基地重点推进项目，也是中国石化行业发展的标杆性项目，对优化产业结构、助推产业健康发展具有长远战略意义。

吉林梦溪工程管理有限公司大连恒力项目经理部（以下简称"项目经理部"）全面参与该项目的建设工作，全面负责炼化一体化项目中的2套1000万t/年常减压装置、2套220万t/年轻烃回收装置、65.4万t/年硫磺回收装置、码头成品油罐组等工程监理任务。

该项目由中石化洛阳工程有限公司负责总体设计，部分装置由山东三维石化工程股份有限公司负责设计；中冶沈勘工程技术有限公司、北京东方新星石化工程股份有限公司负责勘察。项目经理部所负责装置的施工单位主要有中国石油天然气第一建设公司、第六建设公司、第七建设公司、中油吉林化建有限公司及中石化第四建设公司、中石化第五建设有限公司等共17家施工单位，在实际施工过程中分包单位超过40家。

按照恒力石化的计划工期，常减压装置计划工期从2017年4月至2018年8月，共16个月；轻烃回收装置计划工期从2017年5月至2018年7月，共15个月；硫磺回收装置计划工期自2017年5月至2018年5月，共13个月；码头成品油缺罐组计划工程自2017年5月至2018年7月，共14个月。项目要求"高起点、高标准、严要求"建设，要全力打造"最安全、最环保"的生态型一体化示范项目。

按照恒力石化项目建设方案，两套1000万t/年常减压装置采用初馏、常压蒸馏和减压蒸馏的三塔蒸馏工艺流程。原油在装置内经电脱盐脱水、初馏、常压蒸馏和减压蒸馏后，分馏出石脑油（含轻烃）、航煤、柴油、蜡油和减压渣油等（中间）产品。初馏塔采取提压操作方案满足轻烃回收装置采用无压缩机回收轻烃；减压渣油的实沸点切割温度按大于540℃考虑。两套220万t/年轻烃回收装置由轻烃回收部分、液化气分离部分和产品精制三个部分组成。轻烃回收部分包含液化气吸收、脱丁烷和脱乙烷；液化气分离部分包含脱丙烷、脱异丁烷；产品精制部分包括由富气脱硫、吸收塔顶气脱硫、液化气脱硫脱硫醇、混合气脱硫和碱渣处理。硫磺回收联合装置由 65.4 万 t/ 年硫磺回收、580t/h 酸性水汽提以及 3200t/h 溶剂再生三个车间组成。其中硫磺回收由 5 套 13 万 t/年大硫磺和 1 套 4 千 t/ 年小硫磺共 6 套装置组成；酸性水汽提由 1 套 140t/h 和 2 套 220t/h 共 3 套装置组成，均采用单塔低压全吹出常规蒸汽汽提工艺，无侧线；溶剂再生装置包括 3 套 800t/h 装置供全厂气体脱硫用、2 套 400t/h 装置供硫磺尾气吸收塔专用。码头成品油罐区主要功能是接收炼化装置产出的成品油，主要产品有液化气、二乙二醇、三乙二醇、润滑油、MTBE、抽余油、歧化 C9、歧化 C9、重整 C7、烷基化油、重芳烃等，并通过码头装运海路对外运输。

项目经理部自 2017 年 3 月与恒力石化签订工程监理合同，于 2017 年 4 月组建并人员陆续进场，到 2019 年 5 月 17 日装置全面投产，实现了项目经理部所监管的装置一次中交、开车成功。该项目建设速度也是获批的七大石化产业基地中推进速度最快的，创国内同规模施工建设纪录。

（二）项目特点难点

1. 项目工期紧、监理管理难度大

项目经理部承担了炼化一体化项目中的 13 套主装置的监理任务，该项目业主要求常减压装置计划工期 16 个月、轻烃回收装置计划工期 15 个月、硫磺回收装置计划工期 13 个月、码头成品油气罐组计划工期 14 个月，业主本身所制定的计划工期就十分紧迫，而且该项目的设计图纸尚不完善、部分大型设备订货晚，势必造成施工过程前期窝工、后期抢工期的被动局面，也将给监理工作带来很大难度。

2. 打破常规管理模式，增大质量安全管控难度

作为国内首个大型民营炼化一体化项目，为了确保实现项目的计划工期，恒力石化在系统冲洗吹扫、大型设备集中吊装、机泵设备水联运、安全联合检查等方面提出了许多超前的管理理念，打破以往国内炼化项目建设的常规程序，要求施工单位和监理单位一切以进度为前提，大大缩短建设工期，加大了监理的质量管控、安全监管等工作难度。

3. 分包单位多、协调管理难度大

参与该项目建设的施工单位主要以中国石油第一建设公司、第六建设公司、第七建设公司、吉林化建公司及中石化第四建设公司、第五建设公司为主。但在具体施工过程中，业主考虑建设成本及专业化施工，又对项目合同进行了若干个专项分包，项目经理部监管的装置施工单位超过 40 余个，造成了分包单过多，监理对现场施工组织、协调管理的难度加大。

4. 交叉作业高处作业多、安全监管难度大

按照国内外同类规模装置的建设速度，即便在所有前期准备条件都就绪的情况下计划工期 24 个月，就已经是建设奇迹，何况在设计、采购等条件不是很充分的情况下计划工期大幅度缩减，导致了项目建设工期十分紧迫，造成在施工过程中存在高度交叉作业，各作业队伍的施工作业面非常有限。而且项目地点靠海边，常年平均风速超过 4m/s，大大增加了安全监管难度。

二、项目管理模式及组织机构

按照双方监理合同约定，监理工作主要内容包括：负责本工程范围内的工程质量控制、HSE 管理、工程合同管理、工程资料管理及各参建方的协调工作，工程材料到货验收、设备到货开箱验收、工程中间交接、工程交工、专项验收、竣工验收、技术咨询、工程保运阶段监理工作及其他协助工作。协助委托人控制工程进度，优化工期。监理人不负责工程造价控制。

按照监理合同的工作内容及各装置分布情况，项目经理部组建了直线制监理组织机构，由项目经理兼常减压装置总监理工程师，另配 3 名总监理工程师分别负责其他三套装置，每个装置实行总监理工程师负责制，均由总监理工程师、总监理工程师代表、各专业监理工程师等组成，实现装置工程监理的直线制管理。同时，项目经理部结合各装置专业工程师情况，组织成立了工艺、设备、焊接无损、土建、电气仪表、HSE等专业组，选拔配备专业组长，开展专业组日常业务培训、考核，开展专业组日常巡检、周联检等活动，各装置间进行专业资源共享，实现各装置专业间的横向管理协调，既提升工程师的专业技能，又能统一各装置的专业管理标准。

项目经理部根据各装置施工进度计划，编制了各装置的人力资源进退场计划，过程中根据实际进度进行调整，并根据各专业工程量情况进行内部分工调整，确保各装置质量、安全处于受控状态（图1）。

三、项目实施过程控制

针对恒力石化民营项目特点，追求快速推进项目建设、快速得到投资回报，为了确保项目执行全面受控，项目经理部严格贯彻落实"一个平台、两个抓手"，坚持以信息平台为手段，强化技术支持；以不符合项为抓手，转变监理

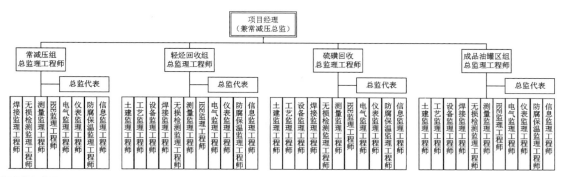

图1 项目经理部组织机构图

形象；以监理例会为抓手，提升服务能力。项目经理部通过强化过程监督、成果确认，更加注重监理工作的实效性，将"有形化、可量化、有价值、可感知"贯穿于监理全过程工作中，让业主充分体验到吉林梦溪品牌的价值。

（一）强化隐患辨识抓好不符合项管理

项目经理部在推行不符合项过程中，强调灌输依法合规、严格管理、规避监理责任角度，让工程师提高自我保护意识，从而逐步认识到，通过隐患辨识、上传、整改闭合，让监理工作留痕迹，体现监理工作的有形化、可量化。

项目经理部在推行不符合项管理过程中，为了提高工程师的积极性、主动性，由项目经理、项目总监带头，组织青年骨干进行培训、推广，总监对老工程师进行帮扶、指导；总监或专业组长对新来员工培训指导不符合项操作，使新到岗员工领会公司不符项管理的精神，能够尽快掌握平台使用方法，保证了全员参与不符合项管理。为了提高不符合项的数量、质量，项目经理部坚持不符合项常态化管理，要求工程师不仅要保证不符合项的数量、质量，还要保证及时整改、闭合，实施每天内部通报每名工程师不符合项上传的数量，在项目经理部的微信群和QQ群公布，让全体员

工了解不符合项执行情况，对上传数量较少的工程师及时进行督促，总监不定期督促不符合项的整改和闭合情况。加大不符合项的绩效考核，针对一开始工程师积极性不高、数量质量不佳等现象，项目经理部召开内部例会，并经过全员讨论通过后，将项目月份奖金总额的20%与不符合项考核挂钩，过程中及时讲评不符合项录入的数量、质量及管理效果。通过这一系列措施的实施（表1、图2），项目经理部人均不符合项数量从2018年3月开始不断提升，尤其是到2018年的7—10月施工高峰期，项目经理部的不符合项数量和质量显著提升，实现了工程师全面、积极参与不符合项的管理工作。

通过一系列管理措施推进不符合

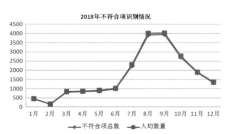

图2 项目经理部2018年不符合项趋势图

项管理工作，项目经理部2018年累计上传不符合项20119条，整改闭合率100%，按期整改闭合率95%以上，连续得到公司表彰奖励。

（二）强化专业组运行，抓好严格管理

项目经理部结合项目专业特点和业主管理模式，采取有针对性的专业组管理模式，通过专业联检、日常巡检等方式，强化监理的严格管理原则，突出监理工作的实效性，并及时做好工作总结形成严格管理的典型案例，作为监理工作经验分享反馈给业主，让业主充分感受到监理工作的价值。

以专业组运行覆盖所监管的装置。项目经理部2018年高峰期近60人，各专业人员较多，为了持续提高工程师管理水平，统一管理标准，项目经理部先后成立了土建、设备、工艺、安全、焊接、无损、电仪、信息等专业组，强化以专业组为单位开展监督检查、成果验收等工作。各专业组分别制定内部学习培训、现场联检等计划，定期开展专业组活动，2018年全年共组织专业组培训

项目经理部2018年不符合项情况　　　　　　　表1

	1月	2月	3月	4月	5月	6月	7月	8月	9月	10月	11月	12月
不符合项总数	435	155	817	838	875	998	2247	3921	3943	2720	1862	1308
人均数量	19.8	10.3	27.2	27.9	29.2	25	60.7	98	91.7	64.8	45.4	36.3
获得表彰人次				1	1		3	7	6	4	2	1

106 次，全面提升工程师的管理能力。各专业组每周组织一次专业联检，针对联检过程中发现的问题，专业工程师之间能够共同讨论，集思广益提出有效的解决方法，实现了内部经验共享，同时对尚未开展此项工作的工程师提出预警，避免类似问题再次发生。安全专业组每周开展现场安全联检，由业主车间、施工单位、监理等共同组成联检小组，针对各施工阶段安全管理进行重点专项检查；对工艺、焊接、无损等专业组经常性开展联合检查，做到点口、拍片、焊接合格率等信息互通，有针对性协调解决问题。通过专业组的横向管理，使各专业工程师提高了专业技能和管理能力，对项目执行提供了强有力地支持。

总结严格管理成果形成典型案例。项目经理部从成立专业组开始，就明确以专业组为单位，抓好严格管理，由专业组长牵头组织本专业人员及时总结严格管理成果，突出监理工作的重点和核心问题，形成具有代表性的典型管理案例；对严格管理中发现的突出问题、普遍性问题下发监理通知单，督促施工单位进行整改，举一反三，避免类似问题发生。通过抓好严格管理，项目经理部 2018 年共下发监理通知单 215 份；总结项目执行典型案例 29 个，在项目经理部内部进行分享学习，部分优秀典型案例如硫磺回收装置夹套管焊接案例、磺回收联合装置 8000m³ 储罐正压试验罐顶变形案例、接地线出地面保护措施施工案例等在公司调度例会上进行了经验分享，并获得北京项目管理公司奖励，对同类型问题起到了推广借鉴的作用（表 2）。

（三）强化沟通协调抓好监理例会管理

项目经理部强调以合同为依据开展监理工作，以服务业主为导向，积极主动与业主沟通、协调，采取有效的管理方式开展工作。制定了现场碰头会制度，业主、施工单位、监理每天在现场召开碰头会；必要时，由业主牵头组织召开现场专题，及时协调解决问题，提高管理效率。重点是充分利用好每周项目监理例会讲评的作用，向业主展示监督检查的管理亮点、隐患辨识情况、下周工作重点和工作预警等，让业主充分感知监理工作成果。

项目经理部高度重视监理例会开展效果，不断完善提高监理例会讲评内容的质量。针对监理装置的施工单位、分包单位多，且各装置的业主负责人不同的情况，项目经理部采取按装置每周分别组织召开监理例会，提高了监理例会讲评内容的针对性。各装置监理例会由项目总监或总监理工程师代表主持，均通过 PPT 展示，讲评内容清晰、现场质量安全问题鲜明、工程亮点展示形象生动，同时也向业主汇报监理每周重点开展的工作及管理效果、下周工作预警等。施工单位管理人员能够直观地了解自身管理方面存在的问题，举一反三，对类似问题进行自检自查，同时对其他单位起到警示作用。业主单位通过每周监理例会，充分了解监理在现场检查过程中所发挥的作用及工作效果，对专业监理工程师在现场的管控能力和专业能力给予了充分肯定，对过程中提出的专业性、有代表性问题给予高度评价，让业主充分感知

到监理工作的成果和监理的价值（表 3）。

（四）强化方案审批抓好大件吊装管理

恒力石化项目大型设备基本上是成套到货、现场安装，业主采用大型设备统一吊装服务模式，涉及 4000t 履带吊、3200t 履带吊等大型吊装方案。项目经理部积极配合业主，在大型吊装方案专业技术方面提供有力支持，多次得到业主表扬。

项目经理部组织业主车间、施工单位及时制定各装置大型设备到货计划、大型吊装需求计划及工期等。组织公司专家、各专业工程师严格审批吊装单位编制的大型设备吊装技术方案及具体的专项吊装施工方案，并结合吊装场地和技术条件进行实地考察、确认，严把方案审批关，做到事前控制，确保吊装工程安全平稳。如 2018 年 3 月 6 日轻烃回收装置 1 号脱异丁烷塔吊装，该设备是轻烃回收装置中重量最大、吊装难度最大的，吊装高度达 97m，设备直径 6.4m，设备吊装总重量近 1000t。吊装前项目经理部组织吊装方案专家论证，对方案实施层层严格审批，保证了一次吊装成功，也为 2 号脱异丁烷塔的一次吊装成功奠定了基础。2018 年 7 月 9 日常减压装置减压塔吊装，减压塔是常减压装置的核心设备，吊重大、设备框架基础高、场地紧凑，与楼梯间吊装距离近，吊装难度大。吊装准备阶段总监组织专业监理工程师对吊装场地进行细致

项目经理部2018年严格管理成果　表2

	常减压装置	轻烃回收装置	硫磺回收装置	码头罐区装置	合计
质量类通知单	25	25	74	32	156
安全类通知单	7	5	34	13	59
合计	32	30	108	45	215

项目经理部2018年监理例会次数　表3

	常减压装置	轻烃回收装置	硫磺回收装置	码头罐区装置	合计
监理例会次数	85	85	89	76	335

考察，严格审查吊装方案，并向业主和吊装单位提出了合理化建议，最终实现了减压塔一次吊装成功。正是基于项目经理部强化事前审批、专家论证、技术指导，使吊装方案中的吊装工艺和现场安全防护措施进一步完善，确保了现场所有大型设备吊装一次成功。业主领导对项目经理部在吊装过程中专业的检查确认、安装后的检验验收、积极组织协调等工作给予了高度评价。

（五）强化焊接过程监控抓好清洁化施工

恒力石化为保证项目能够在有限的时间内建成投产，并长期稳定运行，业主在工艺管道文明化施工、系统冲洗吹扫、机泵设备水联运等方面提出了许多超前的管理理念，对项目执行也是巨大挑战。

针对业主管理要求，项目经理部严把工艺管线施工质量控制。严格审查施工单位上报的焊接方案、焊接工艺评定、焊工资质，加强工艺管线焊接过程管理。每日对现场焊工焊接工艺执行情况、焊条使用、防风措施落实、焊缝外观质量进行检查确认。按照施工合同要求，施工单位焊接质量检查人员需对焊缝打底、填充、盖面质量进行逐步检查确认并拍照存档，自检合格后在焊缝标识上签字确认。焊接监理工程师对焊缝质量检查合格，及时按照无损检测比例进行点口探伤，根据无损检测反馈结果及时掌握现场焊接质量状况，为后续焊接质量控制提供依据。强化过程监督，要求施工单位按照合同要求使用专门的管道清理设备，对入场管线进行内部灰尘、铁屑、氧化皮等杂物清理干净，经施工单位自检和监理、建设单位确认后100%封口，并在管线上做好标识。管线组需对管线内部清理情况进行再次确认，管线焊接严

格按照焊接工艺评定执行，100%氩弧打底。管线与设备接管台龙封闭前严格执行检查确认制度，并做好隐蔽工程记录，强化清洁化施工管理，确保了工艺管道焊接一次合格率不低于96%；工艺管线预制管段管口、阀门封堵率100%；设备、管道内部清洁无异物，清洁率100%；保证了装置投料试车一次成功。

（六）强化团队建设抓好后勤保障管理

项目经理部青年员工较多，有些还是刚结婚，或孩子还很小，员工思亲思家的情绪较重。项目经理部高度重视团队建设，明确内部后勤管理分工，做到各司其职。积极组织开展项目民主管理，每周三召开内部监理例会，落实项目内部各项管理，听取员工对项目管理的意见和建议；定期组织召开项目民主生活会，由各寝室选派两名代表，提前内部征集寝室人员的想法、建议，在项目民主生活会上提出并广泛讨论，小到食堂菜谱、寝室设施，大到项目部内部管理、发展建议等，员工尽情提，畅所欲言，充分调动大家民主参与项目管理的积极性。积极开展项目谈心谈话活动，及时与员工进行谈心交流，了解其工作状态和思想情况，倾听员工心声，切实协调解决员工遇到的实际困难。不断加强项目文化建设，组织开展丰富的文体娱乐活动，支部在每年的端午节、中秋节等节假日为员工购买粽子、月饼等，疏导员工思乡情结，鼓舞队伍干劲，保证员工队伍的思想稳定，构建和谐的项目氛围。

四、严格管理成果显著

（一）隐患辨识成果显著

项目经理部自2018年4月开始，不符合项的数量、质量、整改闭合率等显著

提升，在北京项目管理公司和梦溪公司不符合项目月份考核中，第4—10月份连续排名第一，第11、12月份排名第二；项目经理部一共有26人次获得公司表彰奖励。

（二）典型管理案例分享

通过大量的隐患辨识工作和严格过程管理，形成29个典型管理案例，部分典型管理案例在梦溪公司内部进行了经验分享，有7个典型案例获得公司表彰奖励；通过严格管理，反馈给业主多份专项检查报告，尤其是在装置投料试车前，项目经理部组织专家进行开车前联合检查，形成专项报告反馈给业主，让业主感知监理工作有价值、可感知。

（三）监理装置陆续投产

项目经理部在恒力石化炼化一体化项目中，是现场所有7家监理单位中，唯一监管的装置实现安全生产无事故、平稳运行的监理单位，所监理的装置均按业主预定目标陆续投产，至2019年5月17日装置全面投产，实现了所监管装置一次中交、开车成功。

（四）监理考核名列前茅

项目经理部在业主每月绩效考核中，始终名列前茅，曾获得业主月份考核第一名的好成绩；尤其是项目经理部在本项目上的安全专业联检与巡检相结合的监管模式，被业主作为典型经验在现场进行了分享。

参考文献

[1] 建设工程监理规范：GB/T 50319-2013[S]. 北京：中国建筑工业出版社，2014.
[2] 陈利强，刘强，康博. 某石化公司2000万吨／年炼化一体化项目工程监理特点及难点分析[J]. 中国科技投资，2018（25）：74.

全过程工程咨询的市场培育及营销技巧

深圳市京圳工程咨询有限公司

摘　要：全过程工程咨询服务作为一个新兴的咨询服务市场需要有一个漫长的市场培育过程。在这个市场的培育过程中更多地要依赖于咨询企业自身对市场的分析、营销策略的选择以及自身能力的培养。

关键词：全过程工程咨询；市场；培育；营销；能力培养

引言

2017 年 2 月《国务院办公厅关于促进建筑业持续健康发展的意见》（国办发〔2017〕19 号）发布后，首次提出了全过程工程咨询的概念，并将其列在了完善工程建设组织模式的大标题下。由此可见全过程工程咨询模式必将是引领中国建筑业管理模式改革的一个标志性里程碑。2017 年 3 月发布了《住房城乡建设部关于开展全过程工程咨询试点工作的通知》（建市〔2017〕101 号），各省市都非常迅速地发布了自己的全过程工程咨询试点工作实施方案、试点企业及试点项目名单。但经过两年多的市场运作，虽然全过程工程咨询服务的认知度已明显提升，但多数企业都遇到了诸多困扰。笔者所在的公司因历史原因，从 2005 年起就开始将全过程工程咨询服务

作为自己的"主打产品"进行市场推介，目前已完成的全过程工程咨询项目有几十个，本文就全过程工程咨询服务的市场培育和营销技巧方面的一些感悟与同仁进行分享。

一、全过程工程咨询服务的提出原因

要回答这个问题，我们首先需要回顾一下中国工程咨询行业的发展历程。

中国工程咨询服务行业的起源应该从 1988 年建设部发出《关于开展建设监理工作的通知》（〔1988〕建建字第 142 号）算起，同年 11 月建设部监理司又发布了《关于开展建设监理试点工作的若干意见》，文中对于监理单位的定义是这样的："建设监理单位是指经政府建设监理管理机构批准，受建设单位委托，从事

工程建设可行性研究、招标投标、组织与审查勘察设计、监督施工等服务活动，具有法人资格的工程监理公司。"试点结束后，1992 年中国开始有了第一批具有工程监理资质的咨询服务机构。

从上述情况不难看出从引入监理制度之初，对工程咨询行业的服务定位是全方位的，和现在提出的全过程工程咨询服务的内容似乎是完全一致的，为什么会出现这种情况呢？这个原因还是要回到中国工程咨询行业诞生之初的时代背景来看。

1986 年，中国首个世行贷款项目"鲁布革水电站"的成功，引起了中国建筑界的极大关注。当时中国还处在改革开放的初期，刚刚开始从计划经济体制向全面的市场经济体制转化，那时的市场化程度还很低。这个本并不出名的小小水电站项目却引发了中国建筑业的第一次市场化改革，其结果就是在工程建设领

域首次形成了包括业主负责制、建设监理制、招标承包制组成的建设管理体系框架。这就是引入工程监理制初期为什么监理的定位完全是与国际接轨的原因。

然而，任何新兴市场的培育都是需要一个过程的，即使是国际上非常成熟的、先进的制度都必须要结合中国的国情才可能生存下去，直接照搬照抄结果势必"水土不服"。特别是在当时，中国原有的建设工程管理模式还处在计划经济向市场经济转化的过程中，监理行业的从业人员都是从设计单位、施工单位及基建办转行过来的，咨询服务从业人员少，具有综合专业能力的人员更加缺乏，咨询服务能力与社会需求和市场发展水平相差较大，很难被认可和肯定。另外，为了加速市场化发展的进程，当年的招标法从立法的目的上更倾向于通过"三公"模式，能够让更多的企业参与市场竞争，更有利于建设单位了解真实的市场价格。基于这两点原因，直接导致了咨询服务市场不得不被细分，因为细分后的市场更容易快速满足市场需求，也能缓解当时综合性人才紧缺的问题。

2000年1月25日，随着建设部《工程造价咨询单位管理办法》（建设部第74号令）的颁布，造价咨询行业成了工程咨询行业的第一个分支。同年6月30日《工程建设项目招标代理机构资格认定办法》（建设部第79号令）颁布，招标代理行业成了工程咨询行业的第二个分支。2005年3月4日国家发改委颁布了《工程咨询单位资格认定办法》（国家发改委第29号令），至此，中国的工程咨询服务行业被细分为工程监理、造价咨询、招标代理和工程咨询（投资）四个大分支，随后又由于主管部委的不同，在每个分支中又划分出了若干个专业分支。

经过了改革开放40年的发展，中国目前的市场化水平已经完全可以与国际接轨，建设单位也已经具有了较强的专业性，而由于市场细分所带来的资质壁垒、恶性价格竞争等问题已经严重制约了中国工程咨询行业的发展。随着中国国力的不断增强，特别是"一带一路"政策的影响，中国的工程咨询行业必然要面对"请进来"和"走出去"的问题，因此与国际接轨的问题再次被摆上了议事日程。十八大之后中国经济要从"高数量"发展向"高质量"发展转换，对咨询服务行业的市场需求也由比价格、比资质转换为比能力、比信用。所以此时提出全过程工程咨询模式更有利于投资效益的最大化，更便于与国际惯例接轨，也更加符合科学发展观的要求。

从上述的回顾不难看出，中国的工程咨询服务行业走过了从"合"到"分"，又从"分"到"合"的过程，恰恰折射出了中国改革开放40年来，一个市场形成、成熟和发展的全过程。

二、全过程工程咨询服务的市场培育

只要是新产品就会有市场培育的问题，任何新产品的推出都必须经历这个过程。在探讨全过程工程咨询服务的市场培育前笔者想先讲一个光明牛奶的例子，希望能给大家一点启发。

30多年前我们所喝到的牛奶还都是玻璃瓶装的新鲜牛奶，每天去奶站取，而且还必须当天烧开再放凉后才能喝，当年想喝个奶是很麻烦的一件事。所以当光明牛奶引进了采用利乐包装技术的可直接饮用牛奶时，市场上是根本无法接受的，因为没人认为牛奶可以这么喝。而光明牛

奶的营销过程却堪称经典！其过程是这样的：第一步先是在电视、报纸上铺天盖地用数据宣传中国人普遍缺钙，而日本人基本都不缺钙，究其原因是日本人人均每日牛奶的摄入量是中国人的数百倍，统计数据还表明当时中国人每年牛奶的摄入总量还不如酒的摄入量多，同时还告诉大家长期缺钙会带给我们哪些疾病。在这一系列的宣传中没有提到任何一个牛奶的品牌，但是却让大家都意识到了每天要喝牛奶的重要性。第二步就是宣传利乐包装这种技术如何解决了液体的杀菌、保鲜和存储的问题，这时也没有涉及任何品牌问题，而只谈技术。第三步就是价格对比，当时一盒牛奶的价格和一瓶汽水的价格差不多，而牛奶的营养成分明显比汽水要强得多，这对于当时刚刚能吃饱饭的国人来说太有诱惑力了，而且各个年龄段的人都需要。经过这几步操作后，很快这种利乐包装的盒装牛奶开始被广大的百姓接受，这之后若干年才有了几大牛奶品牌的竞争故事。

从这个市场培育的故事里有以下几点是非常值得我们借鉴的：

（一）新兴市场的培育最重要的是要抓住客户的"痛点"

要想获得顾客的信任，首先必须找到顾客的"痛点"，就像一个中医大夫先要通过望、闻、问、切，说出病人的"病灶"在哪里，病人认为说的有理，才会信任这个大夫，才会吃他开的药。工程建设管理领域的"痛点"又在哪里呢？这里先跟大家分享三个观点：

1. 工程建设行业属于典型的经验性行业，经验性行业的最大特点就是难于标准化。能够标准化的东西就会变成知识，知识很容易流传，但经验很难被流传，所以经验性行业对从业者自身的能

力更为看重。

2. 工程建设行业的经验性主要体现在所有决策都不会有绝对的正确，因为在不同的时间、地点、环境条件下同样的事件决策都会不同，因此监理几乎每天都在面临着选择和取舍，但一定没有最好只有更好。

3. 对决策正确与否的判定取决于最终的项目利益是否最大化，形象地说就是看中"战役"的胜利，而不会关注每次"战斗"的胜败。所以我们常说要树立"大成本"概念，而不能只关注某个技术细节，往往看得见的都是小钱，而看不见的都是大钱。

综合上述观点，我们可以看出要解决工程建设行业管理"痛点"，"全才"优于"专才"，"经历"优于"学历"。只有对工程管理全过程各专业均了解且有经验的人或者团队，才能作出对整个项目最终结果最好的判断和决策，而采用全过程工程咨询服务就是解决这个问题最有效的方法。因为任何一个商业主体在同一个项目中都会自觉或不自觉地站在免责或自身利益最大化的角度去思考问题并且作出决定，但这个决定对于整个项目而言并非一定是利益最大化。所以，只有将全部的管理责任归结到一方，归结到项目完成时再判断成败，才能使项目利益最大化真正被重视，只有最终的目标明确了，才能帮助监理在决策的时候进行取舍。

（二）在市场培育阶段让顾客了解产品比购买产品更重要

一个新兴市场的培植其实最重要的就是要让大多数人都了解这个产品是什么，这其中不在乎对方是否会选择买，但是至少要让对方了解和记住有这么个产品，当绝大部分人都知道这个产品能拿来做什么用的，市场的培育才算基本完成了。

所有致力于将来要从事全过程工程咨询的企业都应该要利用任何机会向社会群体介绍全过程工程咨询的产品。可能他们是行业主管部门、质安监督部门，或者是打算购买监理常规业务的客户，我们必须利用所有可交流的机会去推介。因为舆论 = 讲话的人数 × 讲话的次数，即使他们这次不是为了购买这项产品，即使他们中的某些人目前还不具备决策权，但是只要他们中有一半的人听懂了，这些人就有可能成为下一个传播者。有些人现在没有决策权，但只要他听懂了，认可了，未来他总会变成有决策权的人或者可以影响到其他有决策权的人。当说的人足够多时，舆论就形成了。

（三）在市场培育阶段对产品的评价比对企业的评价重要

市场培育和企业营销是不同的，因为只有产品立住了，将来大家才有生意做。在这个阶段最忌讳的就是打压同行，如果在客户本身还不太了解这个产品的时候就给予对方过多的负面信息，最终的结果必然是客户对产品的不信任，谁的生意都做不成，正所谓皮之不存毛将焉附。

回归到全过程工程咨询的市场培育上来，所有有志于从事这个行业的同仁们之间在这个问题上大家绝不是竞争对手，而是合作伙伴。不要总去评价谁做牵头单位更合适，谁该是这个市场的主体，全过程工程咨询必须包含哪些内容。谁肯去做我们都该支持，并且要支持他做成，这也可以叫做"培植对手"，因为没有"对手"何来市场？所以目前我们更应该注重的是相互间的引荐、借鉴，而不是去强调对手的问题，这一点至关重要。

（四）在市场培育阶段新产品一定要有价格优势

在市场培育阶段，最先要解除的是

客户的疑虑，所有的新产品推介都会有一个优惠期。全过程工程咨询服务目前从政府的文件上是要求在政府投资项目上先推行，但是咨询服务作为一个已经完全市场化了的项目，期望政府再出台一个指导价可以说是完全不可能的。而现行的政府投资管理条例又对所有政府投资项目的建设工程其他费用有着明确的取费依据，因此希望全过程工程咨询费由咨询费用加上协调费用构成的想法只是一种不切实际的幻想。两年来的实践也发现这条路根本走不通，因为市场不买账。不买账的原因主要有两个方面：一是对于新产品的不确定性风险本就应该由卖方来承担，而不应该是买方承担。因为买方完全可以选择不使用新产品来规避风险。其二在市场培育阶段最重要的不是挣钱，而是要让顾客形成新的"消费习惯"，而这种习惯的养成就使我们跟客户之间形成了"黏性"，这种黏性就是客户对我们的依赖度，而这种依赖度才是我们日后提升价格的本钱。微信、滴滴打车、支付宝的案例无不印证这个道理。

三、全过程咨询服务的营销要点

（一）全过程咨询服务的优势

我们在十几年的全过程工程咨询服务业务推介过程中不断地会被客户问到的一个问题，那就是全过程咨询服务与常规的工程咨询服务差别在哪里？能给我们带来什么好处？如果我们的答案不能说服对方，那么就无法让更多的人接受这个产品。经过多年的总结笔者认为以下几点是比较容易打动客户的：

1. 全过程工程咨询服务可以让客户得到一个一体化的解决方案

全过程工程咨询服务与常规的咨询服务最大的差别就是能够从头至尾，从项目的最终利益最大化的角度为业主提供一个完成的项目解决方案，而且这个方案的执行和实践者就是方案的策划者，所以项目的方向不会走偏。而常规的咨询服务每个咨询单位都会站在自己的角度来为项目提供解决方案，但在遇到前文提到的需要取舍的时候就很困难，谁都不愿意被舍弃、被牺牲，因此导致的就是总有人"拉偏套"。这种情况下往往按照合同没有一方是有错误的，都很坚持原则，但结果受损的还是业主，因为项目的整体利益受损了。而全过程工程咨询单位则不同，取舍都是自己的。

2. 减少了大量的专业沟通工作

全过程工程咨询服务与常规的咨询服务之间还有一个很大的优势就是减少了大量的沟通成本。试想一下，常规项目中需要在各个咨询公司之间往来的函件有多少，协调会开了有多少，这些大量的、低效的、存在信息衰竭的沟通成本是非常巨大的，而且直接影响着项目的推进效率。

3. 责任追究更清晰

常规咨询服务之间的组织协调单位实际上是业主自己，所以当项目上发生问题再追究责任时，每个人都有自己的理由，往往最终的结果就归结到了流程中，而流程的主控责任又在业主，所以追责很难落地，正所谓一个和尚挑水吃，三个和尚没水吃。而全过程工程咨询单位则不同，成绩和责任都很容易判定，按照合同不是业主的就是咨询公司的，除非是不可抗力或政策问题。

但这里必须引申一个问题。现在开展全过程工程咨询服务的项目，受资质和人员能力的影响，目前很多全过程工程咨询单位是以联合体模式出现的，但这种联合体模式的全过程工程咨询单位无法根本性地解决上述三个问题，因此，这也是为什么在国务院的文件中明确了"鼓励投资咨询、勘察、设计、监理、招标代理、造价咨询等企业采用联合经营、兼并重组等方式发展全过程工程咨询"的原因。因此，联合体模式只是一个过渡模式，最终还是必须通过兼并重组才能最有效地发挥全过程工程咨询服务的优势。

（二）如何获得客户的信任

全过程工程咨询项目的营销中如何快速获得客户的信任这一点是至关重要的，其实前文讲到过中医大夫看病的例子，其实就是要在与客户的沟通过程中快速地捕捉客户明示的和潜在的痛点，这个痛点包括客户自身的也包括项目本身的。要明确地指出这些痛点，并从专业角度分析对方可能遇到的风险和困难，让对方觉得你对他及项目的理解非常深刻。接下来就需要我们介绍自己遇到过的类似问题的处理办法和风险防范方式。很多人会担心第一次见面就把自己的经验告诉别人，别人是不是就不会再用我们了，这种担心是完全没有必要的。因为交流的时间那么短，就能发现客户的问题和难处，特别是那些客户自己都还没意识到的风险。此时客户的内心对你的信任度会大大增加，当我们爽快地告诉对方解决问题的方法时，对方对我们产生的是更多的依赖感。

（三）如何排除顾客的顾虑

在全过程工程咨询服务的项目营销过程中，我们一定会被问到这样的问题：采用全过程咨询服务的合法性问题；是否存在招标、审计等方面的风险；有哪些成功的案例；取费的依据是什么；对全过程咨询单位的责任如何界定，承担什么法律风险。这些问题是我们必须面对的，而且必须要能马上提供相关的政策文件作为支撑，这样才能打消客户的顾虑，特别是涉及取费的问题，只要我们提出的费用高于所有咨询费的总和就基本没有能谈下去的机会了。但是可以告诉客户的是我们实际提供的工作内容是比所有咨询服务的总和要多的，我们是利用每个单独的咨询服务中所获得的利润来补贴这部分多出的工作的，这个说法顾客是可以接受的，同时至少可以争取到所有咨询费不再下浮。在客户真正享受到比常规咨询服务模式更高效、更超值的服务后，客户会主动考虑给予我们一定补偿，我们以往遇到的情况多数是增加非我方原因引起的延期费用或者委托我们再承担一些新的服务内容给相对高一些的费用。

（四）是否敢于先提供服务

前面讲到建立起客户对我们能力的信任是获得全过程工程咨询服务的关键，而作为监理企业出身的全过程咨询单位有什么样的业绩能说服业主你有对整个项目的把控能力呢？特别是项目的总体策划、设计阶段的管理。所以我们认为最有效的方式就是做给你看。在没有合同，没有招标的情况下，咨询单位是否敢于先提供一些前期的服务给业主，这实际上就是在提供一个最有效的业绩证明。当然这也要取决你对自身能力的准确判定，出手之后是会给客户信心，还是疑心。我们的经验是可以先提供一些耗时并不多，但更体现自身核心技术和跨界能力的服务给客户，不要总怕损失了什么，其实得失永远都是平衡的。

另外就是根据自身的能力和资源判断，是否敢于对客户的痛点作出承诺。如：能否保证某个节点取得开工许可，可免于闲置土地罚款的问题。公司经过进度策划和调整设计方案等方法，认为可以实现，就跟业主谈成了一个对赌意向，将这个内容纳入合同，当其他竞争对手不敢响应的时候，我们就自然胜出了。还有类似规划调整问题、民扰问题、与周边项目的协调问题等，但在这些方面要比较慎重，一定要对自己有客观的认识，没有金刚钻别揽瓷器活。

四、全过程咨询服务企业自身必须解决的关键问题

（一）客户的选择

任何一个产品都不可能适宜所有人，那种包治百病的药最终就会被认为是假药。全过程工程咨询服务也一样，它只是一种工程咨询的服务模式，但一定不是适于所有的客户群体，至少不适合大型的房地产开发商。所以要做好产品的营销首要解决的是选择营销的对象。

什么样的客户真正需要全过程工程咨询服务呢？在公司十几年的市场推介过程中，我们认为以下三种客户是存在这种需求的：第一类是俗称的"一次性业主"；第二类是新成立以房地产为主业的机构，组织机构有了，但内部管理体系还未健全；第三类是有自己的管理体系，但由于人员编制受限，项目多人手少，比较典型的就像深圳市、区两级的工务署。其实就这三种客户而言他们的具体需求也完全不一样，我们在选择时也必须根据对方具体需求来调整自身的产品设计，或者根据自己企业产品的特质去匹配更为适宜的客户。公司主打的客户群体就是第一类，而第二类和第三类客户则是有选择性的。

（二）如何解决全过程工程咨询服务的营利点问题

前面已经分析过了，全过程工程咨询服务在目前这个阶段希望通过"增收"来解决成本问题基本不可能，那么要想把这项业务开展下去，现阶段最好的办法就只能是"节支"。在公司十几年的实践中，笔者认为这种"节支"是完全可以实现的。"节支"的主要途径有以下几个方面：

1. 项目的总体进度受控，人力资源的配置可自己调节

在全过程工程咨询项目中，因为公司掌握着最全面的、未经处理过的项目信息，对于项目需求和可能出现的问题、风险能准确把握，对于何时需要投入什么样的人员可以做到精准控制和协调，不会造成浪费，可实现人力资源利用率的最大化，这对于咨询公司就是在降低成本。

2. 减少了大量的沟通成本，总的人工时大幅减少

我们通过公司的内部管理体系文件设置了完整的工作流程、部门界面划分和接口处理，使得常规项目需要花费的如开会、发文、电话沟通等大量沟通成本被免除，各部门执行同一个计划表，实施下来，是全过程工程咨询项目比常规项目成本降低最多的地方。

3. 对自身的前期失误可以有更多的手段及时发现和弥补

在我们自身的咨询服务中会不可避免地出现一些工作失误，而这些问题如果是由其他单位发现的，反映到业主那里再处理不仅对企业信誉有影响，而且处理的成本也比较高。但是在全过程工程咨询服务中，最早发现这些失误的是我们自己的部门或人员，所以可以在第一时间进行弥补，可以及时防范风险的发生，不造成实质性的损失。

4. 管理手段增多后管理效果更好

在全过程工程咨询项目中，可以通过设计管理、监理管理、造价管理、招标管理、报建管理等从前到后的多种手段，公司所实施的管理是"组合拳"，这其实也是为什么在常规项目中业主说话比监理管用的主要原因之一。我们对管理结果的控制力提升了，管理难度就下降了，人力资源投入的总工时肯定也就减少了。

5. 可培养更多的复合型人才

想在社会上招聘一个复合型的项目管理人员成本是非常高的，而且能不能与本企业相融合还存在风险，而在实战中将自己的专业人才培养成复合型人才本身就是一个降低成本的最佳方式。从公司开展全过程工程咨询服务以来，在复合型人才的培养方面取得的效果是非常明显的。

（三）全过程工程咨询项目需要具备的能力

不同的客户对于全过程工程咨询服务的需求不尽相同，在公司十几年来承接的项目中很少有完全相同的合同模版。通过梳理和归纳公司所遇到的所有服务需求，我们认为全过程工程咨询单位应该要完善以下自身能力：

1. 项目的前期策划和管理能力

1）项目的目标和功能策划及论证；

2）项目的设计管理；

3）办理开发建设的各种政府报批报建手续。

2. 合同管理及投资控制管理能力

1）合同管理；

2）招标及采购管理工作；

3）工程投资控制管理。

3. 现场的管控能力

1）工程质量管理；

2）安全及文明施工管理；

3）进度计划管理；

4）工程协调；

5）工程验收；

6）档案管理；

7）工程保修管理。

4. 其他协调配合服务能力

1）处理与项目周边单位的关系；

2）租售配合；

3）财务管理及税务顾问工作；

4）工程保险；

5）配合项目移交物业管理或运营。

五、公司开展全过程工程咨询项目的情况简介

（一）服务内容

公司是从 2005 年开始就从战略上选择了全过程工程咨询服务这个方向，2010 年开始成为公司主打产品。当时还没有这个名称，公司设计的产品模式叫"项目管理－监理－造价咨询一体化"，服务阶段为从建设单位签订土地合同并取得用地规划许可证开始，至项目竣工决算完成及取得房产证，包含配合建设单位完成审计工作。服务内容包含设计需求征集、项目策划、招标采购管理（含招标代理）、设计管理、现场管理（含监理）、投资控制（含全过程造价咨询）、项目所有报批报建等咨询服务。

（二）服务对象选择

2010 年以来，竣工的项目有 17 个，已完成项目决算及审计的 12 个。其中主要以企业投资的项目为主，占比在 2/3。因为这部分客户对全过程工程咨询服务的需求是很全面的，也正好匹配了公司的产品设计。特别是针对深圳打造总部经济的契机，公司为高新企业的"一次性业主"所建设的总部基地提供的服务，获得了广泛的好评。

（三）项目组织模式

下图为公司全过程工程咨询服务项目部的组织模式。

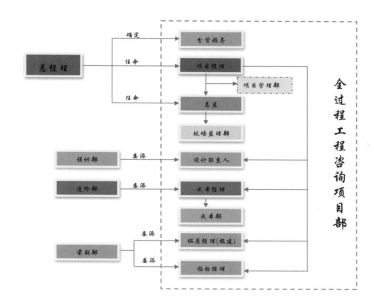

在全过程工程咨询项目中每个部门职责划分如下：

1. 项目管理部（项目经理）

负责项目总控计划的编制和实施；负责跟业主的沟通及协调工作；负责项目部工作的组织、安排及协调工作；负责项目信息发布、管理及归档管理。

2. 前期部

负责项目签约前与业主的接触和跟踪；负责编制项目可研和项目总目标（造价部和设计部配合提供经济、技术及工期方案分析）；负责项目招标方案的策划及实施；负责所有政府报批报建手续。

3. 设计管理部

负责业主设计需求的征集；设计任务书的编制；各阶段设计图纸（含深化设计图纸）的审核及质量进度跟踪管理；重大设计变更的跟踪管理。

4. 造价部

从项目估算至项目决算的全过程投资控制管理；定期提交成本控制报告及资金使用计划；对进度款进行审核。

5. 监理部

对项目的施工及保修阶段质量、安全及文明施工实施全面管理，对工程质量、安全目标实施管控。

为了保证全过程工程咨询项目的顺利推进，通过不断地实践和完善，公司将 12 项总监的职权转移给了项目经理，同时也将责任进行了转移。另外还针对每项需多部门参与的咨询工作设置了 19 个部门接口，在公司的管理体系文件中给予了明确的规定，努力将沟通成本降到最低，提升项目的运作效率，在后期的实际操作中取得了较好的结果。

结语

全过程工程咨询服务的市场培育和营销需要从战略层开始布局，而不是从项目开始布局。每个咨询企业在不具备全过程工程咨询能力的时候要根据自身的优势和核心技术选择更适宜自己的组织模式和主打产品模式，不要简单地照搬、照抄别人的模式，每一种服务产品都会有它适宜的客户群体，新兴市场的寻找需要我们用完全的市场观点，通过换位思考去寻找产品的需求者，不断提升自身的综合实力，在全过程工程咨询服务这个新兴市场中找到自己的立足之地。

管理创新铸品牌　转型升级促发展

承德城建工程项目管理有限公司

承德城建工程项目管理有限公司自1999年成立以来，从最初十几个人发展到现在300多人，并拥有了一支技术精湛、作风过硬的专家团队；从最初的乙级监理资质，单一的监理业务版块，发展到现在具有监理和咨询9项甲级资质、七大业务版块的综合性工程监理咨询企业，拥有现代化办公环境和设施，先进的检测手段，科学前卫的软件应用系统，成为取得"鲁班奖""国优奖"的全国先进工程监理企业。

团结、向上的城建监理人，凭着"团结为基、人才为本、诚信为命、科学为根"的企业精神，从公司成立至今，20年坚持不懈抓好员工队伍建设、服务品牌建设、企业文化建设，这"三个建设"成为企业管理创新的三大法宝，走出了一条具有企业核心竞争力的特色发展之路。一路走来，"管理创新——完善——再创新——再完善"始终成为公司发展的不竭动力。

20年的实践证明，管理重在创新，制度重在落实，创新是企业发展的源泉和动力。

一、创新员工队伍建设，打造企业核心团队

"总监强、项目强、品牌强、企业强"。以总监队伍建设为核心，公司打造出了一支能共同面对困难挑战，不断进取、不断创新的员工队伍。

从对总监选拔、培养、任用，到考核、激励，针对性地解决了一个又一个难题。

（一）总监个体素质有差异，导致监理工作质量参差不齐怎么办

公司推出了"总监工作研讨会"制度。自成立以来，每月研讨一个题目，20年从未间断，雷打不动。"质量通病的监理对策""被动式建筑监理要点""BIM技术在监理工作中的应用"……共计236个研讨题目，覆盖了总监的全部工作，研讨成果成为总监指导监理实践的利器，使得各项目部的监理工作，基本保持在同一个水平线上。

（二）总监知识更新、能力提升跟不上工程建设发展速度怎么办

公司"请进来、走出去"，不惜重金聘请专家学者授业解惑，到国内外实地观摩，向同行学习交流，掌握新技术，开阔新视野。公司的领导和专家，对年轻总监教方法、压担子、传帮带，安排项目时，有意识地跨专业分派，锻炼综合能力，形成公司老中青相结合的总监梯次结构。

（三）总监干多干少、干好干坏都一样怎么办

公司出台了"总监管理考核办法"，以工程质量安全和业主满意度为主要指标，将总监到位率、工作执行力等工作指标量化，公司和监理处两级通过日常检查、年终考核、业主回访等形式，对总监进行考核，促进总监履职尽责。公司还实行了年度目标管理责任制，明确责任目标和奖惩，将总监的收入与其工作量和服务质量挂钩，在日常效益工资和年终奖金中兑现。

（四）总监工作久了缺少进取精神怎么办

公司开展争先创优活动，评选"品牌总监""标杆项目部"，设置总监团队优秀奖，使总监学有标准，赶有标杆，

进步有动力，落后有鞭策，从而，没有一个总监掉队，提高了全体总监团队的进步意识。

（五）总监如何能与企业同呼吸共命运

面对太多的诱惑和责任压力，如何能够让总监队伍稳定，吸引更多的优秀总监人才，公司不仅在工作、学习和生活上关心，还通过总监的股份制和质量安全风险金制，使其与公司形成利益共同体，成为企业真正的主人，从而提高了总监对企业的忠诚度、事业心和使命感。

在荣获国家优质工程——科技研发中心大厦监理工作中，工程基础阶段，钢筋用量高达 2000 多吨。由于特殊的造型，有时出现六七道地梁汇聚到同一个节点，造成钢筋过密，甚至到了从上面倒一杯水，都无法流到梁底的地步。按照常规的钢筋绑扎方法非常困难，浇筑混凝土也无法进行。这时，总监积极协调施工单位与设计单位进行沟通，共同商定方案，采取了"加腋角"的施工方法，使混凝土从下方向上灌注，保证了节点混凝土质量，解决了施工的难题。在监理过程中，总监以高度的担当精神和丰富的经验，深深折服了施工单位的技术人员，监理的全过程质量管控措施，监理人员的职业操守和技术素养，都是争创国家优质工程奖的保证。

（六）优秀的团队，必须要有完善的教育培训制度做支撑

通过实行公司、工程监理处、项目监理部三级培训教育制度，分开层次，突出重点，有针对性地采取讲课考试相结合、现场观摩、实际操作、师傅带徒弟等多种形式，使教育培训覆盖到每一名监理人员。

组织"监理大比武"全员练兵活动，建立大比武千题题库，通过大比武书面考试、实操比赛，员工们在比武中，比出了学习劲头，比出了工作干劲。

20 年来，各项培训汇总至今已超过 8000 次，各种规模考试超过 5000 次，各级领导与员工谈心交流达到 6000 多人次。长期、长效、多种形式的培训教育，成了公司给予员工的最大福利。

二、创新服务品牌建设，打造企业社会影响力

"发扬一丝不苟的工匠精神，弘扬追求卓越，铸就经典的国优品质！"一直是承德城建工程项目管理有限公司不变的坚守。

从公司成立之初第 1 号文件《职工教育培训制度》开始，先后出台了《目标管理考核办法》《监理内部报告制度》等 120 多项管理制度，实施了项目部监理和管理两项工作标准、现场监理"七个一""四要求"、品牌总监、对标管理、三级教育培训、监理练兵比武、总监工作月研讨、员工谈心沟通、业主服务回访等一系列具有企业特色的创新机制，使管理创新接地气，见实效。

（一）以工匠精神铸就"鲁班奖"

工作中，现场监理人员常常挂在嘴边的，是公司提出的"七个一"和"四要求"。"七个一"，指的是"学好每一张图纸，审好每一个方案，管好每一种原材，把好每一道工序，记好每一页记录，开好每一次例会，写好每一份监理文件"，"四要求"指"拿图验收百分百，标高位置亲自量，严控商混水灰比，旁站监理不缺项"。这是公司为达到精细化管理对每一名监理人员提出的"规定动作"，保证了监理人员在分散状态下，仍然保持工作程序和标准的一致性。

在荣获鲁班奖的名城新时代广场工程监理中，因该工程管道多达 30 余种，交叉量大，为了排布美观便于施工，在当时还没有 BIM 技术应用的情况下，与各专业施工方共同商议对工艺管道和桥架等碰撞的部位予以合理调整，将管道交叉节点一一做出模型，在模型上直观地排布管道线路，科学安排管道位置和安装顺序，最终做到了各专业管道横平竖直，颜色一致，标识清晰，排布合理美观。为达到鲁班奖要求的整齐划一、外形美观的效果，所有管道的卡子全部采用封盖螺母，固定管道卡子的外露螺杆长度必须一致。整个工程 6 万多平方米，几十种管道，几万个卡子，监理人员逐个拿着游标卡尺测量螺杆外露长度，保证丝毫不差。仅仅这一个细节，光是螺杆长度需整改，封盖螺母需补安装和调整的记录就有厚厚一大本。

（二）以统一的工作标准实现规范监理

公司出台了"项目部监理工作考核标准"和"项目部管理工作考核标准"，20 年间，"两个标准"被不断修改完善，作为评价项目监理部工作的"度量衡"。公司和监理处两级通过定期和不定期检查、夜间抽查、考核评分等多种形式，每年的两级检查达 400 余项次。对检查出的问题，书面通知总监，问题解决交圈闭环，做到了工作有标准，检查有回音，考核有兑现，使标准化的监理服务成为企业的品牌形象。

承德医学院附属医院新城医院工程，预应力无梁板大跨度现浇混凝土板属于当时国内领先的新工艺应用。该工艺在北京奥运场馆鸟巢项目中首次被使用。新城医院工程预应力施工队伍恰好

就是鸟巢施工的队伍。在大会议室和综合楼中分别有跨度为 33.6m 和 18m 的预应力无梁板大跨度现浇混凝土板，施工难度非常大。为确保预应力钢丝绳初始位置准确、受力均匀，监理工程师提出按照工艺中的弧度要求，每 1.5m 做一个固定点，使钢丝绳在固定点的控制下，准确达到工艺要求的弧线形状。最终预应力混凝土的施工保质保量顺利完成，施工单位事后佩服地说："就算当年在北京施工时，也没有这样严格的控制措施。"该项目被评为"鲁班奖"工程。

2016 年承德市代表河北省，接受国家级检查，公司所有参检项目都取得了好成绩，尤其是世纪城五期北地块项目，获得了国家级专家高度评价，被推荐为观摩工程，国检成为规范服务的试金石。

（三）以增值服务提升监理品质

为客户提供增值服务，是公司一直以来倡导和要求的监理品质。如：公司承监的某体育场馆省重点工程，监理重点抓预控，对设计存在的电源容量不足、POE 交换机超出规范距离等问题，提出变更意见，对施工提出的、被设计已认可的要增加 24 台空调室外机的工程变更，监理经仔细计算，坚持核减为 13 台，避免了因此带来的控制柜、电缆更换造成的浪费，为业主节约大量资金，得到了业主的高度评价；在市区电信光缆敷设工程中，监理根据光缆管道特点，建议将原设计长达 21km 的刚性混凝土基础改为柔性砂砾基础，避免了刚性基础对柔性管道的损坏，不仅节省了投资，而且加快了施工进度，减少了闹市区交通拥堵。诸如此类的在节省投资、加快进度、完善使用功能上为业主提供的增值服务不胜枚举。由此也为公司赢得了

许多"回头客"项目，提升了监理工作的品质和影响力。

（四）以"1+N"服务模式，实现企业转型升级

20 年来，公司凭借优质服务，既赢得了社会的良好赞誉，更赢得了一方又一方市场，实现了监理业务的上、下游延伸和服务升级。早在 2007 年，公司董事长史书利就提出："在保持监理专业核心竞争力的同时，要从单一走向多元，从一环走向全产业链。"工程监理、招标代理、项目管理、造价咨询、工程咨询、工程设计、全过程工程咨询……每一项业务开展，都是一个全新的挑战。

没有成熟的市场，就去自己培养，以认真的服务、严谨的态度，成为建设单位有力的"左膀右臂"。

缺少咨询管理人才，就重点内部培训，同时以优厚的待遇聘请高端人才，通过上百次的培训，10 余年的锻炼，公司建立起一支全过程工程咨询专业人才队伍。

没有现成的经验，就外出取经，摸索总结，把建立制度、标准和流程作为首要任务，不断修改、完善，形成了具有企业特色的一整套全过程工程咨询业务体系。

加快信息化建设，为全过程工程咨询插上科技的翅膀。引进"监理通"软件，建立起覆盖公司各项业务的信息化管理系统，提高管理效率，实现公司和一线的信息共享。应用 BIM 技术，提高服务的科技含量。比如：在石油学校实训楼全过程工程咨询中，采用 BIM 技术建模，发现设计图纸错误 80 余处，得到了修改，提高了设计质量，避免了项目实施中产生大量的设计变更，影响工期，发生索赔损失等问题。

三、创新企业文化建设，打造企业核心竞争力

2004 年，公司由事业单位改制时，公司董事长史书利说过这样一段话："质量就是生命，安全重于泰山，我们肩上担负的是人民群众生命财产安全！我们决不能因转成企业而改变，初心不能变，使命不能变，当好'百年建筑''国优品质'把关人的职业情怀不能变！"

公司从员工的思想苗头入手，从员工的理想信念入手，从监理的职业道德入手，从基层组织建设入手，以"高起点、高标准、严要求、争一流"为企业发展理念，以"服务一项工程，创建一个品牌，取得一份信誉，广交一批朋友，开拓一片市场"为服务理念，以"监理工作'十不准'"作为职业道德不得触碰的"高压线"，构建起一整套独具自身特色的企业文化。

在鲁班奖工程承德医学院附属医院新城医院监理中，基础筏板混凝土一次浇筑量高达 3000m³。这样大体积的混凝土一次连续浇筑要持续三天两夜。为确保该混凝土部位的强度和外观质量都满足鲁班奖的要求，监理人员实施严防死守的全过程的旁站监理。当时正值初春，夜间室外寒风刺骨，监理人员就裹上军大衣，一直坚守在 15m 深的深基坑中，每两个小时一班轮流坚守。就这样，监理人员连续 60 多个小时死看死守，最终，整个基础大体积混凝土没有出现一条结构性裂缝，强度完全满足要求。体现了监理人高度的责任心和忘我的工作精神。

《中国建设监理与咨询》征稿启事

《中国建设监理与咨询》是中国建设监理协会与中国建筑工业出版社合作出版的连续出版物，侧重于监理与咨询的理论探讨、政策研究、技术创新、学术研究和经验推介，为广大监理企业和从业者提供信息交流的平台，宣传推广优秀企业和项目。

一、栏目设置：政策法规、行业动态、人物专访、监理论坛、项目管理与咨询、创新与研究、企业文化、人才培养等。

二、投稿邮箱：zgjsjlxh@163.com，投稿时请务必注明联系电话和邮寄地址等内容。

三、投稿须知：

1. 来稿要求原创，主题明确、观点新颖、内容真实、论据可靠；图表规范、数据准确、文字简练通顺，层次清晰、标点符号规范。

2. 作者确保稿件的原创性，不一稿多投、不涉及保密、署名无争议，文责自负。本编辑部有权作内容层次、语言文字和编辑规范方面的删改。如不同意删改，请在投稿时特别说明。请作者自留底稿，恕不退稿。

3. 来稿按以下顺序表述：①题名；②作者（含合作者）姓名、单位；③摘要（300字以内）；④关键词（2~5个）；⑤正文；⑥参考文献。

4. 来稿以4000~6000字为宜，建议提供与文章内容相关的图片（JPG格式）。

5. 来稿经录用刊载后，即免费赠送作者当期《中国建设监理与咨询》一本。

本征稿启事长期有效，欢迎广大监理工作者和研究者积极投稿！

欢迎订阅《中国建设监理与咨询》

《中国建设监理与咨询》面向各级建设主管部门和监理企业的管理者和从业者，面向国内高校相关专业的专家学者和学生，以及其他关心我国监理事业改革和发展的人士。

《中国建设监理与咨询》内容主要包括监理相关法律法规及政策解读；监理企业管理发展经验介绍和人才培养等热点、难点问题研讨；各类工程项目管理经验交流；监理理论研究及前沿技术介绍等。

《中国建设监理与咨询》征订单回执（2021年）

订阅人信息	单位名称					
	详细地址				邮编	
	收件人				联系电话	
出版物信息	全年（6）期	每期（35）元	全年（210）元/套（含邮寄费用）		付款方式	银行汇款

订阅信息

订阅自2021年1月至2021年12月，＿＿＿＿＿＿套（共计6期/年）　　　付款金额合计￥＿＿＿＿＿＿＿＿＿＿＿＿＿＿＿＿元。

发票信息

□ 开具发票（电子发票由此地址 absbook@126.com 发出）

发票抬头：＿＿＿＿＿＿＿＿＿＿＿＿＿＿＿＿　　　　　　纳税人识别号：＿＿＿＿＿＿＿＿＿＿＿＿＿

发票类型：一般增值税发票

接收电子发票邮箱：

付款方式：请汇至"中国建筑书店有限责任公司"

银行汇款 □

户　名：中国建筑书店有限责任公司

开户行：中国建设银行北京甘家口支行

账　号：1100 1085 6000 5300 6825

　　备注：为便于我们更好地为您服务，以上资料请您详细填写。汇款时请注明征订《中国建设监理与咨询》并请将征订单回执与汇款底单一并传真或发邮件至中国建设监理协会信息部，传真 010-68346832，邮箱 zgjsjlxh@163.com。

　　联系人：中国建设监理协会　王月、刘基建，电话：010-68346832

　　　　　　中国建筑工业出版社　焦阳，电话：010-58337250

　　　　　　中国建筑书店　王建国、赵淑琴，电话：010-68344573（发票咨询）

《中国建设监理与咨询》协办单位

北京市建设监理协会
会长：李伟

中国铁道工程建设协会
副秘书长兼监理委员会主任：麻京生

机械监理
中国建设监理协会机械分会
会长：李明安

京兴国际工程管理有限公司
执行董事兼总经理：陈志平

北京兴电国际工程管理有限公司
董事长兼总经理：张铁明

北京五环国际工程管理有限公司
总经理：汪成

咨询北京有限公司
中国水利水电建设工程咨询北京有限公司
总经理：孙晓博

鑫诚建设监理咨询有限公司
董事长：严弟勇　总经理：张国明

北京希达工程管理咨询有限公司
总经理：黄强

中船重工海鑫工程管理（北京）有限公司
总经理：姜艳秋

中咨工程管理咨询有限公司
总经理：鲁静

赛瑞斯咨询
北京赛瑞斯国际工程咨询有限公司
总经理：曹雪松

中建卓越建设管理有限公司
董事长：邬敏

天津市建设监理协会
理事长：郑立鑫

河北省建筑市场发展研究会
会长：蒋满科

山西省建设监理协会
会长：苏锁成

山西省煤炭建设监理有限公司
总经理：苏锁成

山西省建设监理有限公司
名誉董事长：田哲远

山西协诚建设工程项目管理有限公司
董事长：高保庆

山西煤炭建设监理咨询有限公司
执行董事、经理：陈怀耀

CHD
华电和祥
华电和祥工程咨询有限公司
党委书记、执行董事：赵羽斌

太原理工大成工程有限公司
董事长：周晋华

SZICO
山西震益工程建设监理有限公司
董事长：黄官狮

神剑 SHENJIAN
山西神剑建设监理有限公司
董事长：林群

山西省水利水电工程建设监理有限公司
董事长：常民生

晋中市正元建设监理有限公司
执行董事兼总经理：李志涌

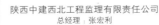
陕西中建西北工程监理有限责任公司
总经理：张宏利

XJPM
新疆工程建设项目管理有限公司
总经理：解振学　经营部：顾友文

吉林梦溪工程管理有限公司
总经理：张惠兵

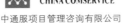
中国通信服务
CHINA COMSERVICE
中通服项目管理咨询有限公司
董事长：唐亮

DBCM
大保建设管理有限公司
董事长：张建东　总经理：肖健

上海市建设工程咨询行业协会
会长：夏冰

建科咨询 JKEC
上海建科工程咨询有限公司
总经理：张强

上海振华工程咨询有限公司
Shanghai Zhenhua Engineering Consulting Co., Ltd.
上海振华工程咨询有限公司
总经理：梁耀嘉

SPM
上海建设工程监理咨询
上海市建设工程监理咨询有限公司
董事长兼总经理：龚花强

同济咨询
TJEC
上海同济工程咨询有限公司
董事总经理：杨卫东

武汉星宇建设工程监理有限公司
董事长兼总经理：史铁平

胜利监理
SHENGLI PROJECT MANAGEMENT
山东胜利建设监理股份有限公司
董事长兼总经理：艾万发

GDHM
广东宏茂建设管理有限公司
董事长、法定代表人：郑伟生

江苏建科建设监理有限公司
董事长：陈贵　总经理：吕所章

LCPM
连云港市建设监理有限公司
董事长兼总经理：谢永庆

江苏赛华建设监理有限公司
董事长：王成武

温州市全过程工程咨询与监理协会
会长：夏章义　秘书长：金建成

安徽省建设监理协会
会长：苗一平

合肥工大建设监理有限责任公司
总经理：王章虎

江南管理
浙江江南工程管理股份有限公司
董事长总经理：李建军

华东咨询
HUADONG CONSULTING
浙江华东工程咨询有限公司
董事长：叶锦锋　总经理：吕勇

浙江嘉宇工程管理有限公司
ZHEJIANG JIAYU PROJECT MANAGEMENT CO.,LTD
浙江嘉宇工程管理有限公司
董事长：张建　总经理：卢甬

浙江求是工程咨询监理有限公司
董事长：晏海军

甘肃省建设监理有限责任公司
Gansu Construction Supervision Co.,Ltd.
甘肃省建设监理有限责任公司
董事长：魏和中

福州市建设监理协会
理事长：饶舜

厦门海投建设咨询有限公司
党总支书记、执行董事、法定代表人兼总经理：蔡元发

《中国建设监理与咨询》协办单位

 驿涛项目管理有限公司 董事长：叶华阳	 业达建设管理有限公司 总经理：倪莉莉	 河南省建设监理协会 会长：陈海勤	 建基工程咨询有限公司 总裁：黄春晓
 郑州中兴工程监理有限公司 执行董事兼总经理：李振文	 新疆昆仑工程咨询管理集团有限公司 总经理：曹志勇	 河南清鸿建设咨询有限公司 董事长：贾铁军	 陕西华茂建设监理咨询有限公司 总经理：阎平
 河南省光大建设管理有限公司 董事长：郭芳州	 中元方工程咨询有限公司 董事长：张存钦	方大国际工程咨询股份有限公司 董事长：李宗峰	河南长城铁路工程建设咨询有限公司 董事长：朱泽州
河南兴平工程管理有限公司 董事长兼总经理：艾护民	 湖北省建设监理协会 会长：刘治栋	武汉华胜工程建设科技有限公司 董事长：汪成庆	湖南省建设监理协会 常务副会长兼秘书长：屠名瑚
 华春建设工程项目管理有限责任公司 董事长：王莉	长顺管理 Changshun PM 湖南长顺项目管理有限公司 董事长：潘祥明　总经理：黄劲松	 广东省建设监理协会 会长：孙成	 广州市建设监理行业协会 会长：肖学红
 深圳市监理工程师协会 会长：方向辉	 广东工程建设监理有限公司 总经理：毕德峰	广骏监理 广州广骏工程监理有限公司 总经理：施永强	中国节能 西安四方建设监理有限责任公司 总经理：杜鹏宇
重庆市建设监理协会 会长：雷开贵	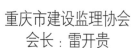 重庆赛迪工程咨询有限公司 董事长兼总经理：冉鹏	 重庆联盛建设项目管理有限公司 总经理：雷冬菁	 重庆华兴工程咨询有限公司 董事长：胡明健
 重庆正信建设监理有限公司 董事长：程辉汉	 重庆林鸥监理咨询有限公司 总经理：肖波	林同棪工程技术 T.Y.Lin TECHNOLOGY 林同棪（重庆）国际工程技术有限公司 总经理：祝龙	 四川二滩国际工程咨询有限责任公司 董事长：郑家祥
 中国华西工程设计建设有限公司 董事长：周华	 云南省建设监理协会 会长：杨丽	 云南新迪建设咨询监理有限公司 董事长兼总经理：杨丽	 云南国开建设监理咨询有限公司 董事长兼总经理：黄平
 贵州省建设监理协会 会长：杨国华	 贵州建工监理咨询有限公司 总经理：张莉　总经理：赵中	 贵州三维工程建设监理咨询有限公司 董事长：付涛　总经理：王伟星	高新监理 GAO XIN PROJECT MANAGEMENT 西安高新建设监理有限责任公司 董事长兼总经理：范中东
 西安铁一院工程咨询监理有限责任公司 总经理：杨南辉	 西安普迈项目管理有限公司 董事长：李三虎	 内蒙古科大工程项目管理有限责任公司 董事长：乔开元	 云南城市建设工程咨询有限公司 董事长：杨家骏
 河北中原工程项目管理有限公司 董事长：王亚东	 青岛东方监理有限公司 董事长：胡民　总经理：刘永峰		

重庆林鸥监理咨询有限公司

重庆林鸥监理咨询有限公司成立于1996年，是隶属于重庆大学的国家甲级监理企业，主要从事各类工程建设项目的全过程咨询和监理业务，目前具有住房和城乡建设部颁发的房屋建筑工程监理甲级资质、市政公用工程监理甲级资质、机电安装工程监理甲级资质、水利水电工程监理乙级资质、通信工程监理乙级资质、化工石油监理乙级资质，以及水利部颁发的水利工程施工监理丙级资质。

公司结构健全，建立了股东会、董事会和监事会，此外还设有专家委员会，管理规范，部门运作良好。公司检测设备齐全，技术力量雄厚，现有员工800余人，拥有一支理论基础扎实、实践经验丰富、综合素质高的专业监理队伍，包括全国注册监理工程师、注册造价工程师、注册结构工程师、注册安全工程师、注册设备工程师及一级建造师等具有国家执业资格的专业技术人员125人，高级专业技术职称人员90余人，中级职称350余人。

公司通过了中国质量认证中心ISO9001：2015质量管理体系认证、ISO45001：2018职业健康安全管理体系认证和ISO14001：2015环境管理体系认证，率先成为重庆市监理行业"三位一体"贯标公司之一。公司监理的项目荣获"中国土木工程詹天佑大奖"1项，"中国建设工程鲁班奖"6项，"全国建筑工程装饰奖"2项，"中国房地产广厦奖"1项，"中国安装工程优质奖（中国安装之星）"2项及"重庆市巴渝杯优质工程奖""重庆市市政金杯奖""重庆市三峡杯优质结构工程奖""四川省建设工程天府杯金奖、银奖""贵州省黄果树杯"优质施工工程等省市级奖项150余项。公司连续多年被评为"重庆市先进工程监理企业""重庆市质量效益型企业""重庆市守合同重信用单位"。

公司依托重庆大学的人才、科研、技术等强大的资源优势，已经成为重庆市建设监理行业中人才资源丰富、专业领域广泛、综合实力最强的监理企业之一，是重庆市建设监理协会常务理事单位和中国建设监理协会会员单位。

质量是林鸥监理的立足之本，信誉是林鸥监理的生存之道。在监理工作中，公司力求精益求精，实现经济效益和社会效益的双丰收。

地　址：重庆市沙坪坝区重庆大学B区
电　话（传真）：023-65126150
网　址：www.cqlinou.com

重庆大学主教学楼
2008年度中国建设工程鲁班奖
第七届中国土木工程詹天佑奖

大足宝顶山提档升级工程
总建筑面积约55797.04m²

重庆市万州体育场
总建筑面积：3.1万m²

重庆市三峡移民纪念馆
总建筑面积：1.5万m²

重庆大学虎溪校区图文信息中心
2010—2011年度中国建设工程鲁班奖

四川烟草工业有限责任公司西昌分厂
整体技改项目
2012—2013年度中国建设工程鲁班奖

重庆朝天门国际商贸城
总建筑面积：54.8万m²

重宾保利国际广场
2015—2016年度中国安装工程优质奖（中国安装之星）

重庆建工产业大厦
2010—2011年度中国建设工程鲁班奖

重庆大学虎溪校区理科大楼
2014—2015年度中国建设工程鲁班奖

赞比亚谦比希年产 15 万 t 粗铜冶炼工程（获得境外工程鲁班奖）

江西铜业集团公司 20 万 t 铅锌冶炼及资源综合利用工程（部优工程）

哈萨克斯坦国巴甫洛达尔年产 25 万 t 电解铝项目（2012 年国优）

大冶有色股份有限公司 10 万 t 铜冶炼项目（国家优质工程奖）

北方工业大学系列工程（获得多项北京建筑长城杯奖）

江铜年产 30 万 t 铜冶炼工程（新中国成立 60 年百项经典暨精品工程）

北京中国有色金属研究总院怀柔基地

中国铝业遵义 80 万 t 氧化铝工程

背景图：缅甸达贡山镍矿工程（国家优质工程奖）

鑫诚建设监理咨询有限公司

　　鑫诚建设监理咨询有限公司是主要从事国内外工业与民用建设项目的建设监理、工程咨询、工程造价咨询等业务的专业化监理咨询企业。公司成立于 1989 年，前身为中国有色金属工业总公司基本建设局，1993 年更名为"鑫诚建设监理公司"，2003 年更名登记为"鑫诚建设监理咨询有限公司"，现隶属中国有色矿业集团有限公司。公司目前拥有冶炼工程、房屋建筑工程、矿山工程甲级监理资质，设备监理（有色冶金）甲级资质，矿山设备、火力发电站设备及输变电设备三项设备监理乙级资质。拥有工程造价咨询甲级资质和工程咨询甲级资质，中华人民共和国商务部对外承包资质，QHSE 质量、健康、安全、环境管理体系认证证书。

　　公司成立 20 多年来，秉承"诚信为本、服务到位、顾客满意、创造一流"的宗旨，以雄厚的技术实力和科学严谨的管理，严格依照国家和地方有关法律、法规政策进行规范化运作，为顾客提供高效、优质的监理咨询服务，公司业务范围遍及全国大部分省市及中东、西亚、非洲、东南亚等地，承担了大量有色金属工业基本建设项目，以及化工、市政、住宅小区、宾馆、写字楼、院校等建设项目的工程咨询、工程造价咨询、全过程建设监理、项目管理等工作，特别是在铜、铝、铅、锌、镍等有色金属采矿、选矿、冶炼、加工，以及环保治理工程项目的咨询、监理方面，具有明显的整体优势、较强的专业技术经验和管理能力。公司的工程造价咨询和工程咨询业务也卓有成效，完成了多项重大、重点项目的造价咨询和工程咨询工作，取得了良好的社会效益。公司成立以来所监理的工程中有 6 项工程获得建筑工程鲁班奖（其中海外工程鲁班奖两项），26 项获得国家优质工程银质奖，118 项获得中国有色金属工业（部）级优质工程奖，获得其他省（部）级优质工程奖、安全施工奖、文明施工示范奖 40 多项，获得北京市建筑工程长城杯 19 项，创造了丰厚的监理咨询业绩。

　　公司在加快自身发展的同时，积极参与行业事务，关注和支持行业发展，认真履行社会责任，大力支持社会公益事业，获得了行业及客户的广泛认同。1998 年获得"八五"期间"全国工程建设管理先进单位"称号；2008 年被中国建设监理协会等单位评为"中国建设监理创新发展 20 年先进监理企业"；1999 年、2007 年、2010 年、2012 年连续被中国建设监理协会评为"全国先进工程建设监理单位"；1999 年以来连年被评为"北京市工程建设监理优秀（先进）单位"；2013 以来连续获得"北京市监理行业诚信监理企业"。公司员工也多人次获得"建设监理单位优秀管理者""优秀总监""优秀监理工程师""中国建设监理创新发展 20 年先进个人"等荣誉称号。

　　目前公司是中国建设监理协会会员、理事单位，北京市建设监理协会会员、常务理事、副会长单位，中国工程咨询协会会员、国际咨询工程师联合会（FIDIC）团体会员、中国工程造价管理协会会员、中国有色金属工业协会会员、理事，中国有色金属建设协会会员、副理事长，中国有色金属建设协会建设监理分会会员、理事长。

湖北省建设监理协会

有为才有位有位更要有为

2020年注定是极其不平凡的一年。新年伊始，突如其来的新型冠状病毒肆虐江城，全国人民在习近平总书记亲自指挥下，在党中央、国务院的正确领导下开始了一场没有硝烟的抗新冠病毒战斗。为了支持抗击新型冠状病毒疫情，打赢疫情阻击战，1月28日，湖北省建设监理协会向全体会员单位发出了《关于抗击新型冠状病毒疫情的倡议书》，得到会员企业和积极响应，纷纷宅家献爱心，据不完全统计，第一时间我省监理企业捐款237多万元和一批医疗物资，为疫情防控尽绵薄之力。同时多家监理企业在火神山、雷神山和32个方舱医院建设中，无畏"逆行"，用实际行动诠释了监理人守土有责和使命担当。除武汉外，我省其他16个市州方舱医院建设或医院改扩建中，当地骨干监理企业也作出了巨大付出和贡献，充分体现了共克时艰和守望相助的高尚家国情怀。仅2月份，中国建设监理协会录用我会发出的报抗疫报道8篇。

5月份，为支持湖北监理行业的疫情防控工作，中国建设监理协会向湖北捐赠一批10万元抗灾物资(其中一次性医用口罩25000个，护目镜1200个)支援湖北灾区。这种大爱和情谊为我省身处病毒阴霾笼罩下的地区和监理行业注入了一股暖流。为了更好体现这种崇高的爱心，传递正能量，协会及时派人将这批抗击疫情物资分批分次发给武汉、宜昌、襄阳、黄石、孝感、黄冈、十堰、荆州、鄂州、仙桃、恩施、咸宁、荆门、神农架等地监理会员企业和贫困地区的监理企业手中。

2020年，受疫情的影响，为减轻会员企业负担，协会缩减办公开支，与各会员单位休戚与共，共克时艰。经协会会长办公会提议、六届四次理事讨论通过，决定对所有会员单位(含新入会企业)2020年会费进行减半收取。

2020年协会围绕全省建设中心工作和省住建厅的安排部署，以"坚守安全监理底线，推动监理安全发展"为主题，9月中旬至10月中旬先后在宜昌、襄阳、黄石、武汉等地开展公益讲座，并委托华科、武大举办从业人员继续教育26余期，同时出台了协会第一个行业团体标准《项目监理机构标准化管理手册》，监理服务能力和服务质量大幅度提高。

2020年也是行业改革创新之年，协会聚焦行业难点、痛点、堵点积极发声，其中《市场主导是建设工程监理行业发展的必然趋势》《部分安全监理责任处罚有待商榷，厘清监理责任成关键》《以创新引领监理管理信息化助力行业转型升级》《针对<湖北省人防工程建设监理暂行规定>部分修改意见有待商榷》《政府购买监理巡查服务是对监理工程师职业的信任》等相关文章分别在中国建设报、中国建设新闻网上发表，同时《人民日报》人民号、上海东方报业澎湃新闻网等权威主流媒体均作了转载，受到社会广泛关注，与此同时也受到住建部领导的充分肯定。

2020年是全面建成小康社会目标实现之年，是全面打赢脱贫攻坚战收官之年，协会继续加大参与扶贫工作的力度，精准发力，代表全体会员单位再次对对口协作和结对帮扶的乡村捐赠，帮助其解决因新冠肺炎疫情造成贫困开展的生产自救。在第七个"国家扶贫日"到来之前，协会携手武汉工程监理咨询有限公司共同提供10万元帮扶资金助力竹溪县贫困村发展养蜂产业，成为第一个来竹溪县开展捐赠活动的省级社会组织，以实际行动承担社会公责，助力我省精准扶贫工作迈上一个新台阶。我会的助力行动，受到了省民政厅、省社会组织总会领导的充分肯定和主流媒体的高度关注，湖北日报、荆楚网、湖北网络电视台、湖北省民政厅网、十堰秦楚网、竹溪新闻网等多家媒体进行了专题报道。

2020年，湖北省建设监理协会弘扬伟大抗疫精神，始终践行行业使命和担当，在构建新发展格局中展现社会组织新作为。

协会第二届会员大会合影

2018年六届三次常务理事扩大会

协会编写的文献资料

武汉市民之家

武汉大学人民医院外科综合大楼

湖北省博物馆综合陈列馆

辛亥革命博物馆

重庆两江新区两江大道南北延长段王家沟大桥

武汉长江鹦鹉洲大桥

云南大朝山水电站枢纽

襄阳科技馆新馆项目

2020年第三季度
工程巡检报告
汇报人：李兴宇
2020年09月27日

• 九洲千城第三季度巡检总结会
拍摄时间：2020.09.27 14:04
天　气：阴 18℃
地　点：绵阳市・四川绵阳四〇四医院
备注信息：国开咨询

今日水印
—相机—

施工区域：新疆项目二期一标段
拍摄时间：2020.09.22 12:15
天　气：晴 20℃
地　点：巴音郭楞蒙古自治州・艾兰巴格家园
方位角：西248°
备注信息：国开咨询

今日水印
—相机—

工程记录
拍摄时间：2020.09.22 10:49
天　气：晴 15℃
地　点：巴音郭楞蒙古自治州・艾兰巴格家园
建设单位：国开咨询

工程记录
拍摄时间：2020.09.22 10:54
天　气：晴 15℃
地　点：巴音郭楞蒙古自治州・建国南路
建设单位：国开咨询

今日水印
—相机—

云南国开建设监理咨询有限公司
Yunnan Guokai Project Management & Consultant Co., Ltd.

云南国开建设监理咨询有限公司成立于 1997 年，在二十多年的持续发展中，始终把提高工程监理咨询服务质量和管理水平作为企业持续发展的永恒目标。

公司是经各级主管部门批准的具有房屋建筑工程监理、市政工程监理双甲级资质；人防工程监理、冶炼工程监理、化工石油工程监理、机电安装工程监理、设备监理、地质灾害治理监理等乙级资质及项目管理的专业监理咨询企业。

公司是中国建设监理协会、云南省建筑业协会、云南省建设监理协会、云南省设备监理协会等会员、理事会员单位。公司的管理通过 ISO9001 质量管理体系、ISO14001 环境管理体系、ISO45001 职业健康安全管理体系认证。

公司于 2016 为各房地产开发企业、建筑施工企业以及物业管理公司建设项目业主及公共建设工程单位等提供专业的第三方评估服务。经过几年的努力，在全国新疆、湖北、四川、云南等地享有良好的口碑；国开咨询以公正、廉洁、高效、专业、为服务准则，用事实和数据说话，通过专业高效的评估服务，让决策者清晰掌握其管辖区域内工程项目总体质量及安全风险状态，协助客户提升工程品质、降低安全风险、促进行业工程管理水平提升发挥着重要作用！

国开咨询第三方评估具有：经验丰富的评估人员，以公正优质的专业服务打造卓越的咨询服务平台，为企业"量身定制"质量安全评估体系，"立足当下、创新未来"不断创新提高评估服务能力，不断完善技术知识资源储备、持续提高增值服务能力。针对建筑工程管理重点、难点进行有针对性的技术培训，综合各大地产商的优秀管理经验，优秀做法实现资源共享；公司内部完善的学习激励机制，促进员工与企业共同成长，从而具备提高建筑质量品牌、降低交付风险的经验办法及能力；想客户所想、以实现客户目标为己任、不断努力协助客户打造卓越建筑品质。

千里之行，始于足下；国开咨询以全新的评估服务理念，致力为客户打造卓越品质、让工程品质迈向新高度！

近年来，公司所监理咨询项目中，获得过国家优质工程奖、银质奖、金杯奖、云南省级优质工程奖、昆明市监理企业质量管理安全生产先进单位、昆明市级优质工程奖、春城杯等多种荣誉，赢得了社会的充分肯定和业主的赞誉。

国开监理咨询，工程建设项目的可靠监护人，建设市场的信义使者。

公司地址：云南省・昆明市・东风东路 169 号
邮　编：650041
电　话（传真）：0871—63311998
网　址：http://www.gkjl.cn
邮　箱：gkjl@gkjl.cn

14:03
2020-08-24 星期一　国开咨询北郡启动会

15:08
2020-08-27 星期四　国开咨询云栖湖总结会

18:14
2020-08-28 星期五　国开咨询九洲16号项目...

上海市建设工程咨询行业协会

上海市建设工程咨询行业协会 Shanghai Construction Consultants Association（SCCA），成立于 2004 年 3 月，是由上海市从事工程监理、工程造价、工程招标代理、工程咨询，以及建设全过程项目管理等咨询服务企事业单位及其他相关经济组织、高校、科研单位等机构自愿组成的跨部门、跨所有制、非营利的行业性社会团体法人，也是全国首家集工程监理、工程造价和工程招标代理为一体的建设工程咨询行业协会。

协会业务范围涵盖行业规范、行业调研、行业评比、课题研究、业务培训、国内外信息技术交流、技术咨询、制定行业工作标准、行业宣传及推介、资料编辑出版，以及建设行政主管部门委托的各项职能等。自成立以来，协会始终在规范行业发展、加强行业服务和推进行业交流方面发挥着积极的作用。目前协会拥有会员单位 453 家，其中具监理资质企业 200 余家、具造价咨询资质企业 150 余家、具招标代理资质企业 150 余家。协会下设项目管理委员会、监理专业委员会、造价专业委员会、招标代理专业委员会、专家委员会、自律委员会、信息化委员会、行业发展委员会和法律事务委员会等，以发挥沟通、协调、自律、服务职能为中心，以提高行业综合实力为目标，积极开展促进行业发展的各项工作。协会创办了《上海建设工程咨询》月刊，建立了"上海建设工程咨询网"和微信公众号，以行业发展战略为指导，贯彻和执行国家有关工程建设领域的各项政策，为增强会员企业的市场竞争力，保障行业健康有序的发展，促进本市乃至全国的建设工程咨询行业的发展提供优质服务。

与此同时，协会还组建了上海市建设工程咨询行业协会青年从业者联谊会，加强行业内青年从业人员之间的交流，提升行业内青年从业人员在行业和本协会发展中的参与度，吸引更多优秀的青年人才加入行业中。

协会将不断发挥自身优势，引领行业、服务企业、沟通政府、培养人才、加强自律、树立标杆、搭建平台、交流合作，认真贯彻党的各项政策和方针，与广大会员单位携手同心，致力于城市建设提供优质的工程咨询管理服务，促进工程项目建设水平和综合效益不断提高。

《上海市建筑业行业发展报告》系列丛书　年度示范监理项目部成果汇编

地　址：上海市虹口区中山北一路 121 号 B2 栋 3001 室
电　话：+86-21-63456171
传　真：+86-21-63456172
网　址：www.scca.sh.cn

SCCA 在线　　订阅号　　服务号
教育中心

上海建设工程咨询大讲坛

学习沙龙

中国建设监理协会委托"BIM 技术在监理工作中的应用""工程监理企业发展全过程工程咨询的路径和策略"等课题

建设工程项目管理高级培训班

行业党建

协会青年从业者联谊会活动

上海市建设工程咨询行业新年音乐会

举办行业羽毛球比赛、城市定向户外挑战赛等体育活动

《建设工程项目管理服务大纲和指南（2018 版）》

《上海建设工程项目管理案例汇编（2018 版）》

上海市工程建设规范《建设工程监理施工安全监督规程》

开发线上教育平台"SCCA 在线教育中心"公共版和职业版，提供公益讲座和各类行业职业培训

西北大学南校区图文信息中心监理项目获 2011 年度鲁班奖

施耐德西安电气设备新厂监理项目获 2015 年度国家优质工程奖

西安电子科技大学南校区综合体育馆监理项目获 2018—2019 年度鲁班奖

西安威斯汀酒店监理项目

西安 771 研究所项目监理

西安交大一附院门急诊综合楼、医疗综合楼工程监理分别获得雁塔杯、长安杯奖

陕西省高等法院工程建设项目管理及监理获长安杯奖

西安地铁 4 号线地铁站装饰安装工程监理三标获 2020—2021 年度国家优质工程奖

西安交通大学科技创新港科创基地 8 号工程楼、9 号阅览中心获 2020 年度鲁班奖

(PM) 西安普迈项目管理有限公司

　　西安普迈项目管理有限公司（原西安市建设监理公司）成立于 1993 年，1996 年由国家建设部批准为工程监理甲级资质。现有资质：房屋建筑工程监理甲级、市政公用工程监理甲级、工程造价咨询甲级、招标代理甲级；机电安装工程监理乙级、公路工程监理乙级、水利水电工程监理乙级、设备监理乙级；地质灾害治理工程监理丙级、人民防空工程建设监理丙级。公司为中国建设工程监理协会理事单位，陕西省建设监理协会副会长单位，西安市建设监理协会副会长单位，陕西省工程建设造价协会常务理事单位，陕西省招标投标协会理事单位，陕西省项目管理协会常务理事单位。公司是《建设监理》杂志理事单位，《中国建设监理与咨询》杂志协办单位。

　　公司以监理为主业，向工程建设产业链的两端延伸，为建设单位提供全过程的项目管理服务。业务范围包括建设工程全过程项目管理、房屋建筑工程监理、市政公用工程监理和公路工程监理、机电安装工程监理、地质灾害治理工程监理、工程造价咨询、工程招标代理、全过程工程咨询等服务。

　　凝聚了一批长期从事各类工程建设施工、设计、管理、咨询方面的专家和业务骨干，注册人员专业配套齐全，可满足公司业务涵盖的各项咨询服务需求。

　　公司法人治理结构完善、管理科学、手段先进、以人为本、团结和谐。始终坚持规范化管理理念，不断提高工程建设管理水平，全力打造"普迈"品牌。自 1998 年开始在本地区率先实施质量管理体系认证工作，2007 年又实施了质量、环境和职业健康安全管理三体系认证，形成覆盖公司全部服务内容的三合一管理体系和管理服务平台。

　　28 年来，公司坚持以与项目建设方共赢为目标，精心做好每一个服务项目，树立和维护普迈品牌良好形象，获得了多项荣誉和良好的社会评价，两次被评为国家"先进工程监理单位"，连年被评为陕西省、西安市"先进工程监理单位"。

韩城国家文史公园监理项目

地　址：陕西省西安市雁塔区太白南路 139 号荣禾云图中心 4 层
邮　编：710065
电话 / 传真：029-88422682
网　址：www.xapumai.com.cn

江苏建科工程咨询有限公司

江苏建科工程咨询有限公司是目前江苏省监理行业规模最大，技术实力强大的多元化咨询服务企业，创建于1988年，在国内率先开展建设监理及项目管理试点工作，是全国第一批成立的社会监理单位，1993年由国家建设部首批审定为国家甲级资质监理单位，现为中国建设监理协会副会长单位。2017年更名为江苏建科工程咨询有限公司。

公司资质：公司现为国家高新技术企业，具有工程监理综合资质、人防监理甲级资质、工程造价咨询甲级资质。为国家住建部认定的第一批全过程工程咨询试点企业（全国共40家，江苏仅1家监理企业），同时为江苏省城市轨道交通工程质量安全技术中心、南京市民用建筑监理工程技术研究中心挂牌单位、江苏省建筑产业现代化示范基地（设计研发类）、南京市装配式建筑BIM应用示范基地创建单位。

强大依托：公司为江苏省建筑科学研究院有限公司的子公司，建科院是江苏省内最大的综合性建筑科学研究和技术开发机构，也是全国建设系统重点科研院所之一。

业务范围：全过程工程咨询、工程监理、项目管理、招标代理、造价咨询、总控咨询（督导）、BIM技术咨询服务、工程项目应用软件开发等。公司以高新技术为支撑（科研课题、BIM技术应用），优先发展全过程工程咨询、项目管理、招标代理、造价咨询等非监理业务，提高信息化管理水平（门户网站、手机客户端），进一步扩大公司的影响力，提高知名度。监理业务中，优先发展市政工程等非房建工程。

业绩与荣誉：公司自成立以来，已承担房屋建筑工程监理面积超过5000万m²、水厂及污水处理厂监理约1450万t、给水排水管线约1000km、道路桥梁约480km、地铁工程约200亿元，所监理的各类工程总投资约3500亿元。包括大中型工业与民用工程监理项目600多项，其中高层和超高层项目260多项，已竣工项目90%为优良工程。近年来荣获鲁班奖29项，国家优质工程奖32项，詹天佑奖2项，钢结构金奖4项，省优工程300余项。

2004年至今，每年均被授予江苏省"示范监理企业"称号。1995年、1999年、2004年、2006年、2008年、2010年、2012年、2014年连续8次获得全国建设监理先进单位称号，为全国唯一连续8次获此殊荣的监理企业。

科研创新：长期以来，公司重视科研创新工作，参与的课题多次获得奖项。其中获江苏省科技进步三等奖2项、江苏省科技进步四等奖2项、江苏省建设科学技术一等奖1项、江苏省建设科技创新成果三等奖1项、江苏省土木建筑学会土木建筑科技三等奖1项、中国施工企业管理协会科学技术二等奖1项、江苏省建设工程招投标管理二等奖1项、江苏省建设工程招投标管理三等奖1项、南京市科学技术进步奖三等奖1项、华夏建筑科学技术二等奖1项。

面对市场机遇和挑战，公司坚持以模块化、集约化、综合性、混合型为原则，以打造"一流信誉、一流品牌、一流企业"为目标，积极倡导"以人为本、精诚合作、严谨规范、内外满意、开拓创新、信誉第一、品牌至上、追求卓越"的价值理念及精神。

地　　址：江苏省南京市建邺区嘉陵江东街18号6栋14层
联 系 人：李平　　　　　QQ：474442326
电　　话：025-83279843　　025-83278586
网　　址：www.jsjkzx.com

国优——河西新闻中心

国优——南京国际展览中心

国优——新城总部大厦

鲁班奖——苏州金鸡湖大酒店

鲁班奖——南京鼓楼医院

鲁班奖——青奥会议中心

鲁班奖——中银大厦

鲁班奖——省特种设备安全监督检验与操作培训实验基地工程

鲁班奖——东南大学图书馆

市政金杯——南京城北污水处理厂

南京地铁2号线苜蓿园站

南京青少年科技活动中心

鲁班奖——江苏广电城

紫峰大厦

鹤壁纪检监察综合业务用房项目

省直青年人才公寓金科苑项目工程监理
装配式成品住宅项目

泌阳县人民医院综合建设 PPP 项目监理

林州红旗渠公共服务中心项目

南洋花城项目

国网河南省电力公司检修公司运维检修
用房项目监理质量目标：河南省优质结
构奖

世行贷款长治市城市交通可持续发展项
目公交交通基础设施－末站综合办公楼

鹤壁市新城区海绵城市建设水系生态治
理工程建设项目

开封市一渠六河连通综合治理工程 PPP
项目监理

地　址：河南省郑州市金水区北环路 9 号
　　　　经三名筑 9 幢 9 层
电　话：0371-66329668（公司总机）
　　　　0371-55219688（经营部）
　　　　0371-86610696（代理部）
网　址：http://www.hngdgl.com

背景图：郑州市四环线及大河路快速化工程监理西四环段跨南水北调渠斜拉桥

光大管理

河南省光大建设管理有限公司

河南省光大建设管理有限公司成立于 2004 年 11 月，注册资本金 5100 万元，办公 面积约 2000m²，是一家集工程监理、招标代理、造价咨询、工程咨询、全过程咨询、项目管理为一体的综合性技术咨询服务型企业，可以为全国业主单位提供建设项目全生命周期的组织、管理、经济和技术等各阶段专业咨询服务。

企业资质：工程监理综合资质、人防工程监理资质、工程招标代理甲级、政府采购代理甲级、国际机电招标代理、中央投资招标代理、工程造价咨询、工程咨询、全过程工程咨询。建筑工程施工总承包资质、建筑装修装饰工程专业承包资质、建筑幕墙工程专业承包资质、钢结构工程专业承包资质、环保工程专业承包资质。

公司实力：公司通过质量、职业健康、环境管理体系认证，建立了完善的管理体系，公司利用 5G 网络化信息化 OA 平台办公，保证了公司高效现代化的良好服务质量。

公司培养了一支技术精湛、经验丰富的管理团队。各类专业技术人员 1000 余人，注册监理工程师 120 人，注册结构师 3 人，注册建筑师 3 人，一级建造师 20 人，注册造价咨询师 10 人；高级技术职称 30 余人；中级技术职称 300 余人；公司专家库具有各类经济、技术专家 2000 余名。

公司荣誉：公司连续多年被评为全国先进工程监理企业、中国招投标协会 AAA 级信用企业等、河南省建设工程先进监理企业、河南省优秀监理企业、河南省装配式建筑十佳企业、河南十佳高质量发展标杆企业、河南十佳创新型领军企业、河南省先进投标企业、河南省工程招标代理先进企业、河南省招标投标先进单位、河南省"守合同重信用"企业、郑州市建设工程监理先进企业。2017 年公司入选了河南省 26 家全过程咨询单位试点单位，现为中国建设监理协会理事单位、中国招标投标协会会员单位、河南省建设监理协会副会长单位、河南省招标投标协会常务理事单位、河南省建设工程招标投标协会常务理事单位、河南省政府采购理事单位。

业绩优势：公司成立以来承接各类监理工程 5000 多项，多次获得国家优质工程奖、省优质工程奖、省级安全文明工地、市优质工程奖、安全文明工地等。承接招标代理业务 4000 余项，在 PPP、EPC、国际机电招标项目的招标代理上也积累了丰富的经验。

在过去的岁月里光大人用自己不懈的努力和奋斗，开拓了市场、赢得了信誉、积累了经验。展望未来，我们将继续遵照："和谐、尊重、诚信、创新"的 企业精神，立足本省、开拓国内、面向世界，用我们辛勤的汗水和智慧去开创光大更加美好的明天。

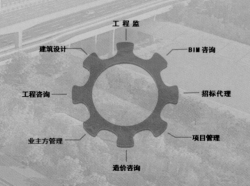
工程监
建筑设计　　BIM 咨询
工程咨询　　招标代理
业主方管理　项目管理
造价咨询

山东胜利建设监理股份有限公司

山东胜利建设监理股份有限公司，是一家集工程监理与工程技术咨询于一体的技术服务型企业，2004年8月从胜利油田改制分流，更名为：胜利油田胜利建设监理有限责任公司。2009年4月取得国家工程监理综合资质，同年取得招标代理资质，2010年取得国家设备监理资质和造价咨询资质；2000年取得国家发展与改革委员会颁发的工程咨询资质。2015年7月运作新三板挂牌，2015年10月经山东省工商局核准更名为：山东胜利建设监理股份有限公司，2016年2月完成在全国中小企业股份转让系统挂牌；2016年11月并购了北京石大东方设计咨询有限公司；2019年先后并购山东恒远检测公司和北京华海安科技术咨询公司，公司增添工程设计甲级资质、安全评价及咨询甲级资质、无损检测A级资质。形成了包括规划、投资决策、勘察、设计、监理、项目管理、招标代理、造价咨询、无损检测、安全评价服务等较为完整的建设工程技术服务产业链，能够为客户提供全过程、综合性、跨阶段、一体化的项目全生命周期管理咨询和技术咨询。

公司于1999年通过了ISO9001质量管理体系认证，2002年完成ISO9000：2000版的转换；2003年通过职业安全健康管理体系和环境管理体系认证；2008年通过GB19001：2008，GB/T 24001—2004，GB/T 28001—2001三体系整合后的审核。

公司于1999年、2006年、2010年、2013年四次被评为全国"先进工程建设监理单位"。2003至2019年荣获"东营市工程监理先进单位"、"山东省监理企业先进单位"等称号；2000至2019年连续荣获中国石油化工集团公司"先进建设监理单位"；2005至2019年度获"省级守合同重信用企业"、山东省级诚信企业；2008年获得中国建设监理创新发展20年"工程监理先进企业"称号，银行信用3A企业。

公司各专业板块技术力量雄厚，现有职工1301人，目前公司拥有各类在岗持证人员737人，其中国家注册级持证人员332人，员工职业资格率高达82.53%。

工程监理与项目管理：公司执业人员专业配套齐全。拥有高级技术职称92人，中级技术职称270人。总监理工程师执业资格34人，国家注册监理工程师121人，注册水运工程监理工程师26人，注册安全工程师61人，注册设备监理工程师15人，注册造价师21人，注册咨询工程师10人，注册一级建造师40人，注册一级结构师1人；中国石化集团公司注册监理工程师204人，山东省道桥专业监理工程师26人，山东省工程监理从业资格170人。专业监理工程师涵盖石油化工、房屋建筑、电力工程、市政工程、海洋工程等十几个专业。

勘察设计：现有油气工艺所（下设管道室）、水处理机械所、电力自控所、建筑结构所、技术经济室、勘察测量室等六个所室。拥有教授级技术职称2人，高级技术职称23人，中级技术职称82人。拥有注册一级建筑师、注册一级结构师、注册二级建筑师、注册石油天然气工程师、注册公用设备工程师、注册电气工程师、注册土木工程师、注册化工工程师等国家注册专业工程师。

安全咨询：拥有教授级技术职称1人，高级技术职称17人，中级技术职称32人。安全评价师一级9人，二级20人，三级16人，注册安全工程师13人，环境影响评价工程师4人，注册一级消防工程师3人。

招标代理：成立于2009年，具有招标代理甲级资质、政府采购招标代理机构资格、中国招投标协会会员单位。累计完成近9000个项目的招标代理工作，招标金额近百亿元。

无损检测：持有无损检测Ⅲ级资格8人，Ⅱ级资格72人。无损检测项目包括RT、UT、MT、PT、AUT等。

公司始终坚持以"科学监理，文明服务，信守合同，顾客满意"为宗旨，以"以人为本，诚信求实，创新管理，激活潜能"为经营理念，坚持"遵规守法，优质服务；持续改进，顾客满意；安全可靠，健康文明；预防污染，保护环境"的管理方针。公司监理的海洋采油中心三号平台、川气东送工程等三十余项工程分别被评为中国石油天然气集团公司优质工程金质奖、中华人民共和国国家质量金质奖、中华人民共和国国家质量银质奖、山东省建筑工程质量"泰山杯"奖、山东省装饰装修工程质量"泰山杯"奖、全国建筑工程装饰奖、山东省中华人民共和国成立60年60项精品工程等省部级以上奖。

公司立足胜利油田，面向全国建设工程市场，发展成为以油田地面工程建设、石油化工、长输管道、海洋工程等为优势专业的骨干监理企业，其中长输管道工程、海洋工程监理居于国内领先地位；勘察设计、无损检测、安全评价等板块的加盟，使公司开展EPC、PMC等全过程工程咨询服务，综合技术咨询能力得到了有效提升。

地　址：山东省东营市垦利区淄博路31号
电　话：0546-8798811

胜利监理股份有限公司董事长兼总经理艾万发

胜利监理大厦

胜利油田石油化工总厂技改项目

胜利油田中心三号平台项目

胜利老168块新区产能建设项目

川气东送天然气管道工程

火力发电厂及油田输变电项目

潜江－韶关输气管线工程

深圳－香港海底管道项目

胜利油田会议中心项目

山东液化天然气项目

被重庆市建委授予"会员之家"称号   被重庆市民政局评为 AAAA 等级社会组织

召开协会成立二十周年纪念大会

召开课题调研会

接待兄弟协会来访

举办监理业务培训

举行"携手并进·砥砺前行"徒步接力赛活动

重庆市建设监理协会

重庆市建设监理协会成立于 1999 年 7 月 10 日,是由在重庆市区域内从事建设工程监理与相关服务活动的单位和组织等,自愿组成的行业性社会组织。坚持以服务为宗旨,以提高重庆市建设监理队伍素质为中心,为会员办实事,把监理协会办成"监理者之家",被重庆市建委授予"会员之家"称号,被重庆市民政局评为 AAAA 等级社会组织。协会设有秘书处、办公室、咨询服务部,同时创办了《重庆建设监理》会刊。为不断提高监理水平,造就一支高素质的监理队伍,还组织开展了多层次的监理培训。为加强行业自律,自协会成立起要求凡入会成员都要签署"行业自律公约"。在建设主管部门的支持和指导下,协会于 2002 年 10 月成立了"重庆市建设监理协会行业自律纪律委员会",委员会对本市的监理行业进行自律检察和监督,更好地规范建设监理市场。

会员是协会存在的基础,为会员服务是协会的本职工作,协会应多为会员办好事、办实事、急会员所急、想会员所想,努力做到公平、公正、热心为会员服务。

地　址：重庆市两江新区金渝大道汇金路 4 号重庆互联网智能产业园 11 楼
邮　编：401122
电　话：023-67539261
网　址：www.jsjl.cq.cn
邮　箱：cqjlxhhy@sina.com
微信公众号：cqsjsjlxh

纪念监理制度推行三十周年系列活动之书画、摄影展

举办"健康发展·拥抱未来"羽毛球、乒乓球赛

西部（重庆）科学城·科学谷项目

林同棪（重庆）国际工程技术有限公司

林同棪（重庆）国际工程技术有限公司成立于 2010 年，是工程项目全生命期信息化服务的首选集成商，是服务于建筑行业决策、建设、运维全生命期的创新科技型企业，是林同棪国际、达尔集团 (Dar Group) 紧密的创新生态战略合作伙伴。

公司致力于成为一流国际科技信息工程咨询企业，将国内外城市基础设施、建筑领域十余年实践经验与先进信息技术相融合，通过自主研发平台，在全国率先打造基于业主的数智化全过程工程咨询模式。

公司秉承"创新和专业"精神，坚持"国际本土化、本土国际化"，引进国外广泛认可的项目管理理念和实践经验，整合多专业跨学科的国际人才资源，结合中国行业特点，提供具有国际化价值水准的服务。

目前，公司在超大型房屋建筑、综合交通枢纽、航空枢纽、桥梁工程、道路工程、生态环境等领域完成了一大批具有社会影响力的项目，荣获 2020 中国全过程工程咨询 BIM 咨询公司综合实力 50 强第 9 位。

广阳岛全岛建设及光阳湾生态修复项目

江苏园博园项目

小梅沙片区城市更新单元项目

昆明市综合交通国际枢纽项目

重庆悦来会展总部基地项目

地　址：重庆市渝北区互联网产业园二期 8 号楼 14 楼
电　话：023-63087891
网　址：http://www.tylin-js.com.cn/

重庆市残疾人康复中心

山西盛世天行工程项目管理有限公司
董事长马海英

襄阳山湖海项目

冠亚国际幼儿园

昊泰兰景园小区 G4~G8 号楼
（北安分公司项目）

硝酸铵钙项目

汾阳现代双语学校效果图

交口项目效果图

2019 年监理先进企业

山西省第二届广联达杯工程造价技能竞
赛安装团体一等奖

山西省第二届广联达杯工程造价技能竞
赛土建团体一等奖

山西盛世天行工程项目管理有限公司

山西盛世天行工程项目管理有限公司（原名太原市玮晔工程项目管理有限公司），成立于 2002 年 4 月，是一家自主经营、自负盈亏、自我发展的独立法人单位。公司实行法人代表负责制，下设工程监理部、招投标部、造价咨询部、BIM 工作室、综合办公室等职能部门。是山西省监理协会理事会单位、山西省建设工程造价管理协会会员，是广联达山西分公司 BIM 战略合作企业。

公司的营业范围有：建设工程项目管理、工程监理、造价咨询、建设工程招标代理、BIM 应用与开发。

公司目前具房屋建筑工程甲级监理资质，化工石油、市政公用工程乙级监理资质和造价咨询乙级资质。

公司凝聚了三晋工程行业优秀的专业人才和管理人才，造就出一支专业齐全、技术精湛、爱岗敬业的优秀团队。

公司管理层面采用 OA 办公系统，实现公司对职能部门、分公司和监理部的矩阵式管理，提高管理效率和执行力。

同时，率先在工程项目上开展 BIM 技术应用，不论是工程监理、还是造价审核，都取得阶段性成果，为山西咨询行业在 BIM 应用领域做出积极的探索和贡献。

公司成立 17 年以来，监理业务已经以山西为据点，已经辐射到黑龙江、广东、湖北、西藏、宁夏、重庆等 13 个省市，共 25 家分公司。未来，还要向前延伸到勘察设计阶段。

承揽的房屋建筑监理工程，诸如：沁县现代农业产业示范区标准化厂房项目、谷城项目建筑安装及其配套工程建设工程、山西现代双语学校汾阳分校、祁县杏花苑保障房工程、祁县怡景瑞园工程、太原市富世康园小区工程、大同市国信兴云智慧城、平定县冠亚名城小区、交口县龙泉街片区棚户区改造项目、安平县城中村定向回迁安置项目等；化工石油监理工程，如：潞安天达 20 万 t/ 年高热氧化安定性高密度航空煤油及柴油项目 EPC 总承包、长治天脊新建 2×15 万 t 硝酸铵钙项目工程、山西潞安特种溶剂化学品有限公司新建 20 万 t/ 年单烷烃分离项目、山西中科惠安化工有限公司 5 万 t/ 年脲液与甲醇间接制备碳酸二甲酯工业示范项目等。

我们将竭诚用一流的管理，周到的服务和扎实的专业，为业主提供全方位、全过程、高标准的服务。

我们愿与社会各界朋友精诚合作，共同开展美好未来！

地　址：山西省太原市万柏林区迎泽西大街 119 号
　　　　公元时代城 A 座 2508 室
电　话：0351-5619642
网　址：www.sstx-pm.com
邮　箱：sxsstxgcxmglyxgs@126.com

甘肃省建设监理有限责任公司
GANSU CONSTRUCTION SUPERVISION CO., LTD.

甘肃省建设监理有限责任公司成立于1993年，前身为甘肃省住房和城乡建设厅直属企业，是甘肃省建设监理协会会长单位。2017年改制后划归甘肃省人民政府国有资产监督管理委员会。现属上市企业甘肃工程咨询集团股份有限公司全资子公司，集团股票简称"甘咨询"，股票代码000779。

公司拥有房屋建筑工程监理甲级、市政公用工程监理甲级、机电设备安装工程监理甲级、化工石油工程监理甲级、冶炼工程监理乙级、水利水电工程监理乙级、人民防空工程监理乙级资质、拥有建设工程造价咨询甲级、具备招标代理资格，2001年通过ISO9001质量管理体系认证。

目前公司拥有各类专业技术人员334人，其中高级以上职称65名，中级职称137名；拥有国家注册监理工程师90名，注册造价工程师15名，一级建造师28名，二级建造师及其他注册人员53名，注册执业人员比例达55.6%。公司下设6个中心、10个事业部，业务范围涉及工程监理、项目管理、造价咨询、招标代理、数字化建筑信息模型、无人机航拍、建筑行业教育培训、建筑信息模型资格考试。

公司所监理的项目荣获了国家、省（部）级、市级质量奖100余项。其中"詹天佑奖"1项、"鲁班奖"5项、"飞天金奖"8项、"飞天奖65项、"白塔金奖"和"白塔奖"22项。甘南文旅会展中心EPC总承包项目更是在100天工期内完成建设交付使用，创造了"甘南速度"，将"不可能的任务"变为现实。

甘肃建投"聚银新都"住宅小区1、3~9号楼
荣获2017年度詹天佑奖

甘肃科技馆
荣获2017—2018年度飞天奖

黄河三峡旅游综合服务中心
荣获2018—2019年度鲁班奖、2017—2018年度飞天金奖

兰州城市规划展览馆
荣获2017—2018年度飞天奖

甘肃会展中心建筑群–大剧院兼会议中心项目
荣获2012—2013年度鲁班奖

兰州航天煤化工设计研发中心
荣获2016年度鲁班奖

长城大饭店工程

中船重工海鑫工程管理（北京）有限公司

2MW 变速恒频风力发电机组产业化建设项目工程（45979.04m²）

北京市 LNG 应急储备工程

北京炼焦化学厂能源研发科技中心工程（148052m²）

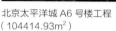
北京太平洋城 A6 号楼工程（104414.93m²）

工业和信息化部综合办公楼工程

天津临港造修船基地造船坞施工全景图

北京市通州区台湖镇（约 52.56 万 m²），工程造价 20 亿元

中船重工海鑫工程管理（北京）有限公司（前身为北京海鑫工程监理公司）成立于 1994 年 1 月，是中国船舶重工集团国际工程有限公司的全资子公司。

中船重工海鑫工程管理（北京）有限公司是中国船舶重工系统最早建立的甲级监理单位之一，是中国建设监理协会理事单位、船舶建设监理分会会长单位、北京市建设监理协会会员。公司拥有房屋建筑工程监理甲级、机电安装工程监理甲级、港口与航道工程监理甲级、市政公用工程监理甲级、人民防空工程监理甲级、电力工程监理乙级等监理资质。入围中央国家机关房屋建筑工程监理定点供应商名录、北京市房屋建筑抗震节能综合改造工程监理单位合格承包人名册。

公司经过 20 年的发展和创新，积累了丰富的工程建设管理经验，发展成为一支专业齐全、技术力量雄厚、管理规范的一流监理公司。

公司专业齐全、技术力量雄厚

公司设立了综合办公室、市场经营部、技术质量安全部、工程管理部、产业开发部、财务部、总共办公室 7 个部门。下设云南分公司、山西分公司及 2 个事业部。目前，有员工 234 名，其中教授级高工 6 人，高级工程师 68 人，工程师 122 人，涉及建筑、结构、动力、暖通、电气、经济、市政、水工、设备、测量、无损检测、焊接等各类专业人才；具有国家注册监理工程师、安全工程师、设备监理工程师、造价工程师、建造师等资格 45 人，具有各省、市及地方和船舶行业执业资格的监理工程师 75 人。能适应于各类工业与民用建筑工程、港口与航道工程、机电安装工程、市政公用工程、人防工程等建设项目的项目管理和监理任务。

公司管理规范

公司制度完善，机制配套，通过 ISO9001：2015 质量体系认证、ISO14001：2015 环境管理体系认证、OHSAS18001：2015 职业健康安全管理体系。公司推行工序确认制度和"方针目标管理考核"制度，形成了一套既符合国家规范又具有自身特色的管理模式。中船重工海鑫工程管理（北京）有限公司以中船重工建筑设计研究院有限公司为依托，设有技术专家委员会，专门研究、解决论证公司所属项目重大技术方案课题，协助实施技术攻关，为项目提供技术支持，保证项目运行质量。同时，公司在工程监理过程中，积极探索科学项目管理新模式。成立 BIM 专题组，对项目进行模拟仿真实时可视化虚拟施工演示，在加强有效管控的同时，降低成本、减少返工、调节冲突，并为决策者制定工程造价、进度款管理等方面提供依据。

公司监理业绩显著

本公司成立以来，获得中国建设监理协会 2010 年和 2012 年度先进工程监理企业荣誉称号；2015 年、2018 年均荣获北京市建设行业诚信监理企业荣誉称号；获得北京建设监理协会 2010—2011 年度先进工程监理企业荣誉称号；并多次获得中国建设监理协会船舶监理分会先进工程监理企业单位。承接的大型工业与民用建设工程的工程监理项目中，公司积累了非常丰富的监理经验，其中 60 余项工程获得北京市及地方政府颁发的各类奖励；获北京市长城杯优质工程奖的有 22 项，其他直辖市及省地方优质工程奖的有 19 项，2014—2015 年度荣获建设工程鲁班奖。

公司恪守"以人为本，用户至上，以诚取信，服务为荣"的经营理念，坚持"依法监理，诚信服务，业主满意，持续改进"的质量方针，遵循"公正、独立、诚信、科学"的监理准则，在监理过程中严格依据监理合同及业主授权，为客户提供有价值的服务，创造有价值的产品。

公司依靠与时俱进的经营管理、制度创新、人才优势和先进的企业文化，为各界朋友提供一流的服务。凭借健全的管理体制、良好的企业形象以及过硬的服务质量，有力地提高了公司的软实力和竞争力。

今后公司将一如既往，以"安全第一，质量为本"的优质服务，注重环保的原则；努力维护业主和其他各方的合法权益，主动配合工程各方创建优良工程，积极为国家建设、船舶工程事业及各省市地方建设做贡献。

地　　址：北京市朝阳区双桥中路北院 1 号
电　　话：010-85394832　　010-85390282
传　　真：010-85394832　　邮　编：100121
邮　　箱：haixin100121@163.com

山西省煤炭建设监理有限公司

山西省煤炭建设监理有限公司成立于 1996 年 4 月，原隶属于山西省能源局，2020 年 7 月，经山西省政府批准，划转加入山西大地环境投资控股有限公司。公司具有住建部颁发的矿山工程甲级、房屋建筑工程甲级、市政公用工程甲级监理资质。具有住建厅颁发的水利水电工程乙级、电力工程乙级、机电安装工程乙级、化工石油乙级监理资质和工程造价咨询乙级资质。具有水利部颁发的水利工程施工监理丙级、水土保持工程施工监理丙级。具有煤炭行业矿山建设、房屋建筑、市政及公路、地质勘探、焦化冶金、铁路工程、设备制造及安装工程甲级监理资质。具有山西省人民防空办公室颁发的人民防空工程建设监理乙级资质，山西省环保厅批准的环境工程监理资质，山西省自然资源厅颁发的地质灾害防治资质，山西省应急管理厅审批的安全评价资质证书。公司为山西省建设监理协会会长单位，中国建设监理协会会员单位，中国煤炭建设协会、中国煤炭监理协会理事单位，中国设备监理协会、山西省煤炭工业协会会员单位。

公司具有正高级职称 3 人，高级职称 14 人，工程师 569 人；一级注册结构工程师 1 人，注册监理工程师 122 人，一级注册建造师 9 人，注册造价工程师 9 人，注册安全师 10 人，注册设备师 12 人，人防监理工程师 24 人，环境监理工程师 14 人，水土保持监理工程师 20 人。企业通过了质量体系、环境管理体系和职业健康安全管理体系"三体系"认证，并荣获"3A 信用等级企业"称号。

公司先后监理项目涉及矿建、市政、房建、安装、水利、环境、矿山修复、土地复垦、电力等领域，遍布山西、内蒙古、新疆、青海、贵州、海南、浙江、淮南、合肥等省市，并于 2013 年走出国门，进驻刚果（金）市场。监理项目多次获得国家优质工程奖、中国建设"鲁班奖"、煤炭行业工程质量"太阳杯"奖，以及全国"双十佳"项目监理部荣誉称号。

为实现企业转型升级，公司实施"以监理为主业，多元化发展"的战略，企业在监理主营业务方面向非煤领域的房建、市政、水利水保、铁路、人防、环境、信息等方面拓展，同时转型 4 个项目，分别是：山西美信工程监理有限公司项目、山西蓝源成环境监测有限公司项目、忻州国贸中心综合大楼项目、山西承启招标有限公司项目。

2002 年以来，企业连续获中国煤炭建设协会、山西省建设监理协会授予"煤炭行业工程建设先进监理企业"、"先进建设监理企业"，获山西省直工委"党风廉政建设先进集体"、"文明和谐标兵单位"荣誉称号；是全国煤炭建设监理行业龙头企业，2011 年进入全国监理百强企业。

山西潞安高河矿井工程（矿井地面土建及安装工程）（2012 年 12 月获中国煤炭建设协会"太阳杯"奖，2013 年 12 月获中华人民共和国住房和城乡建设部"鲁班奖"）

山西煤炭大厦（建筑面积 26512m²，地下 4 层，地上 25 层；1999 年获山西省"汾水杯"奖，2000 年获中国建筑工程"鲁班奖"）

山西煤炭运销集团泰山隆安煤业有限公司 1.2Mt/ 年矿井兼并重组整合项目（2014 年 11 月获"国家优质工程"奖）

山西霍州煤电集团吕临能化庞庞塔煤矿选煤厂主厂房钢结构工程（2016 年 12 月获中国煤炭建设协会"太阳杯"奖）

国投昔阳能源有限责任公司 90 万 t/ 年白羊岭煤矿矿兼并重组整合工程与选煤厂工程（2013 年 12 月获中国煤炭建设协会"太阳杯"奖）

同煤浙能集团麻家梁煤矿年产 1200 万 t 矿建工程（矿井及井巷采区建设）

山西霍尔辛赫煤业年产 300 万 t 矿建工程

山西潞安屯留矿阎庄进风、回风立井井筒工程与山西潞安屯留煤矿主井井筒工程（2009 年 12 月获中国煤炭建设协会"太阳杯"奖）

兰亭御湖城

刚果（金）SICOMINES 铜钴矿采矿工程（采场及排土场内采剥工程、地质勘探工程、测量工程、边坡工程、疏干排水工程及其他零星工程）（左）国贸效果图（右）

太原煤气化龙泉矿井年产 500 万 t 矿建工程（矿建及设备购安工程），2012 年 11 月获全国煤炭行业"双十佳"项目监理部荣誉称号

山投 恒大青运城项目

背景图：山投恒大青运城（建筑面积 442346.8m²）

信阳十八大街

博罗神山绿色现代石场生产建设项目

黄河非物质文化遗产项目

建瓯市水南二桥

濮阳医专附属医院

隋唐大运河文化博物馆

郑州"一环十横十纵"道路综合改造

郑州桥南水厂

左岭新镇

建基工程咨询有限公司
CCPM CCPM Engineering Consulting Co., LTD.

建基工程咨询有限公司成立于1998年，是一家全国知名的以建筑工程领域为核心的全过程咨询解决方案提供商和运营服务商。拥有37年的建设咨询服务经验，27年的工程管理咨询团队，23年的品牌积淀，十年精心铸一剑。

发展几十年来，共完成8300多个工程建设工程咨询服务，工程总投资约千亿元人民币，公司所监理的工程曾多次获得詹天佑奖、鲁班奖、国家优质工程奖、河南省"中州杯"工程及地、市级优良工程奖。

公司是"全国监理行业百强企业""河南省建设监理行业骨干企业""河南省全过程咨询服务试点企业""河南省工程监理企业二十强""河南省先进监理企业""河南省诚信建设先进企业"、2018年度中国全过程工程咨询BIM咨询公司综合实力50强。是中国建设监理协会理事单位、《建设监理》常务理事长单位、河南省建设监理协会副会长单位，河南省产业发展研究会常务理事单位。

建基咨询在工程建设项目前期研究和决策以及工程项目准备、实施、后评价、运维、拆除等全生命周期各个阶段，可提供包含但不仅限于咨询、规划、设计在内的涉及组织、管理、经济和技术等各有关方面的工程咨询服务。

建基咨询采用多种组织方式提供工程咨询服务，为项目决策实施和运维持续提供碎片式、菜单式、局部和整体解决方案。公司可以从事建设工程分类中，全类别、全部等级范围内的建设项目咨询、造价咨询、招标代理、工程技术咨询、BIM咨询服务、项目管理服务、项目代建服务、监理咨询服务、人防工程监理服务以及建筑工程设计服务。

公司资质：工程监理综合资质（可以承接住建部全部14个大类的所有工程项目）、建筑工程设计甲级、工程造价咨询甲级、政府采购招标代理、建设工程招标代理、水利工程施工监理乙级、人防工程监理乙级。

公司经营始终秉承"诚信公正，技术可靠"，以满足业主需求；以"关注需求，真诚服务"，作为技术支撑的服务理念；坚持"认真负责，严格管理，规范守约，质量第一"，赢得市场认可；强调"不断创新，勇于开拓"的精神；提倡"积极进取，精诚合作"的工作态度；追求"守法诚信合同履约率100%，项目实体质量合格率100%，客户服务质量满意率98%"的企业质量目标。

进入新时代，以服务公信、品牌权威、企业驰名、创新驱动、引领行业服务示范企业为建基咨询的愿景；把思想引领、技术引领、行动引领、服务引领作为建基咨询的梦想。

公司愿与国内外建设单位建立战略合作伙伴关系，用雄厚的技术力量和丰富的管理经验，竭诚为业主提供优秀的项目咨询管理、建设工程监理服务。共同携手开创和谐美好的明天！

地　址：河南省郑州市管城区城东路100号正商向阳广场15A层
电　话：400-008-2685
传　真：0371-55238193
百度直达号：@建基工程
网　址：www.hnccpm.com
邮　箱：ccpm@hnccpm.com

扫码关注建基咨询

青岛东方监理有限公司

青岛东方监理有限公司创立于1988年，是国家首批甲级资质监理单位（房屋建筑工程甲级、市政公用工程甲级、农林工程甲级、机电安装工程甲级、化工石油工程乙级、电力工程乙级、人防工程乙级、造价咨询乙级），青岛市建设监理协会会长单位。

青岛东方监理有限公司成立30多年来，始终坚持以"受尊重的一流咨询公司"为企业愿景，致力于"厚德立业、成就客户、以人为本、诚待社会"核心价值观。

截至目前公司共承揽监理业务2000余项，监理总建筑面积5000万 m^2，监理工程造价1200亿元，近几年更是以每年20%的业务量增长。公司业务已拓展到宁波、天津、济南、临沂、东营、烟台、潍坊、淄博、滨州等地区。公司以成就客户为根本，以厚德立业的初心，精益求精的专业素养，追求卓越的敬业精神，创造高质量的价值服务。

公司现有专业工程技术人员500人，其中高级工程师85人，注册监理工程师66人，注册造价师10人，一级注册建造师30人，注册结构师2人，注册电力工程师1人，注册公用设备师1人。公司技术力量雄厚，专业门类齐全，具备承揽大型公共及住宅工程（其中包括超高层、高层、多层及别墅项目）、轨道交通工程，工业及公用设施工程、道路桥梁及风景园林工程、农业林业工程、机电安装工程、化工石油工程、电力工程、人防工程等业态工程。

东方监理对企业品牌建设始终常抓不懈，严格的企业管理，良好的服务意识得到各级领导、业主的广泛好评，在近两年青岛市监理企业建筑市场主体管理考核中，名列前茅。所监理的建设工程荣获"鲁班奖"10项、"中国市政金杯奖"5项、"国家优质工程奖"8项，"全国建筑工程装饰奖"10项，以及多项各省市地方奖项，曾连续五次获得"全国先进监理单位"荣誉称号；在2018年"上海合作组织青岛峰会新闻中心"工程中表现优异被授予感谢状、在2010年公司先后被山东省援建北川工作指挥部及中共青岛市委、青岛市人民政府评为"援建北川先进集体"称号；在历年的山东省、青岛市建筑行业表彰中，公司每每榜上有名，是"山东省服务业高端品牌培育企业"及"山东省知名品牌"荣誉企业，同时是山东省、青岛市"守合同，重信用"企业，青岛市AAA级信誉企业，并成为山东省监理行业内第一家注册自己商标的企业。

东方监理公司始终在加强品牌建设、专注服务品质、引领行业发展等各方面不断努力，不断增强企业核心竞争优势，提高服务质量，持续提升公司品牌知名度和影响力。

地　址：山东省青岛市南区山东路10号丁五层乙区
电　话：0532-85825663
网　址：www.dfjL.com

临沂人民医院北城新区园区

海尔物联网全球创新中心

华润中心

青岛环球金融中心

泛海名人国际广场

青岛市政府办公大楼－鲁班奖

企业荣誉墙

上合峰会保障项目－美丽青岛行动重要道路沿线亮化提升

青岛香格里拉大饭店－鲁班奖

新机场高速连接线（双埠－夏庄段）工程（天康路以东段）（监理）二标段

凯悦大厦

欧亚大厦

背景图：青岛环球金融中心